日立製作所会長
東原敏昭
higashihara toshiaki

日立の壁

東洋経済新報社

目次

＊

第2章　稼げる会社になる　40

第４章　日立のＤＮＡ　106

第5章　大みか工場と私　132

第6章 ロスコストの清算

第7章 グローバルナンバーワンへ——日立グループの再編 176

序章　日立という壁

日立はベンチャー企業だった

２０１４年４月に私は日立製作所の執行役社長に就任しました。２０１６年４月からは執行役社長兼ＣＥＯ（最高経営責任者）となり、以来、２０２２年３月までの６年間、グローバルで数百の連結子会社を持ち、社員30万人を超える巨大企業グループの舵取りを任されてきました。

日立製作所は１９１０年創業の１００年企業です。日本の家電メーカーだと思っている方もおられるかもしれませんが、違います。

もともとは「製作所」の名の通り、輸入に頼らず国産の機械をつくるという志を抱き明治時代に創業したベンチャー企業でした。その後、電気や鉄道の発達、生活の利便性向上といった時代や社会のニーズに応え、事業を拡張してきたグローバル企業グループです。コングロマリット（複合企業体）と言われることもあります。

2023年現在、事業分野は主に情報・通信関連のデジタル部門（デジタルシステム＆サービス）、電力・エネルギーや鉄道など脱炭素に貢献するグリーン部門（グリーンエナジー＆モビリティ）、そして製造業向けシステムや機器、エレベーター、家電などのインダストリー部門（コネクティブインダストリーズ）の3セクターで構成され、グループ全体の年間売上は10兆円に及びます（注）。売上や社員は半分以上が海外です。近年は、これらの事業を通して社会インフラをDX（デジタルトランスフォーメーション）する「社会イノベーション事業」を展開しています。

創業以来、「優れた自主技術・製品の開発を通じて社会に貢献する」ことを企業理念に掲げてきた日立は、関東大震災や第二次世界大戦という危機を乗り越え、戦前戦後を通じて日本の産業の発展に貢献し続けてきました。とくに、高度成長期には、新幹線の車両開発、銀行取引や自動車の生産管理などに使われる大型コンピューターの開発、効率的な発電技術の開発など、さまざまな分野で社会貢献を果たしました。

しかし、今世紀に入って間もない2008年度の決算で7873億円の当期損失を計上するという経営危機に陥り、地獄を見ます。リーマンショックに端を発する世界的な金融危機が引き金となりましたが、実際にはもっと根深い問題が隠れていました。

「もう一度大赤字を出したら今度こそ倒産してしまう」
当時、ドイツのグループ会社にいた私は、本当にそう思い詰めていました。

巨額赤字の壁は越えたが……

幸い、未曾有の危機に際して２００９年に経営を引き継いだ川村隆・元会長と、故中西宏明・前会長の大胆な経営改革により、日立は危機から立ち直りました。大きな「壁」を越えたのです。３年後の２０１２年３月期には、過去最高の当期利益を達成し、Ｖ字回復を果たした２人の手腕は喝采を浴びました。

２人からの指名も受けて経営のバトンを受け取った私の役割は、Ｖ字回復後の日立の舵取りです。与えられたミッションは、川村さんが敷いた経営改革の路線を引き継ぎ、営業利益率の高い「稼げる会社」にすること。そして、中西さんが注力した、モノ（製品）を売るビジネスからコト（サービス）を売る社会イノベーション事業への転換を加速させ、その分野で世界に伍していける「グローバル企業への成長」。この2つでした。

社長就任時、日立は経営改革によって一時の経営危機からは完全に立ち直っていました。が、改革は道半ばで、経営はまだまだ盤石とは言えない状況でした。年間売上は9兆~10兆円規模を維持する一方で、営業利益率は６％ほどであり、その利益の多くはグループの上場子会社に支えられていました。社内には業績回復の見込みが薄い不採算事業や低収益事業も多く残っていました。

そのような状況では、リーマンショックのような不測の事態が起これば、業績が下降線をたどり、再び経営危機に見舞われるようなことになってもおかしくありません。私に与えられた使命は、V字回復を盤石にし、天災や紛争といったどんな危機に見舞われようと微動だにしない成長企業に育て上げることでした。

日立が経営危機に陥った遠因は「大企業病」にあったと思います。大企業的体質にはいろいろな側面があり、話し出せばきりがありませんが、たとえば、保守的で改革を好まず先延ばしにする事なかれ主義、失点の少ない人が出世しやすい官僚的体質、自分が担当する事業部門で赤字を出しても他部門が助けてくれるという甘えの構造などです。こうした企業風土に新風を吹き込み、日立を変えたのが川村さんと中西さんでした。

私は2人の志を受け継いで大企業病を一掃し、日立のすべての部門を「グローバルで戦える集団」にすることを最大の目標として強力な経営チームを編成し、さまざまな施策により経営改革を継続させました。私の役割は、適所適材に配置した経営陣や社員がその力をいかんなく発揮できる会社の仕組みを作り上げ、共に道を切り拓いていくことでした。それはすなわち、日立という巨大企業の中にいくつも立ちはだかっていた「壁」をたたき壊す作業であったと思います。

壁は続く

6年間の経営改革については本文に譲りますが、CEO就任3年目の決算では目標としていた営業利益率8％を達成し、日立は世界で戦える企業としての体力をつけることができました。後半の3年間には、コロナ禍という未曾有の危機に見舞われる中、1兆円を超える大型買収などを成立させ、さらに強い企業となりました。川村・中西改革を継承・発展させることで、二度と経営危機に陥ることのないような成長企業に生まれ変わったと自負しています。これは経営方針を理解し、それぞれの担当で力を発揮してくれた副社長をはじめとする経営チーム、そして何よりも、共に奮闘してくれた日立グループ全社員の努力の結晶です。

私は2021年6月に執行役社長を、2022年4月にCEOを後任の小島啓二さんに託し、2023年現在は取締役会長として、微力ながら小島さんとともに汗を流しています。日立がグローバルリーディングカンパニーとしてさらに飛躍するには、まだまだ乗り越えるべき成長への「壁」があると思っています。

私はいわゆるエリートサラリーマンではありませんでした。若手時代、将来を嘱望されていたわけでもありません。そんな一介のサラリーマンにすぎない私は、お客さまの「ありがとう」という言葉や、自分の仕事が社会を支えているという実感を最高の喜びとして知恵を絞り、アイデアと馬力を頼りに、ときどきに与えられた仕事に邁進してきました。その結果、日立の社長という大役を担うことになりましたが、私の社長就任に一番驚いたのは、ほかならぬ私自身だったと思います。

そんなサラリーマン社長の私が、CEOの6年間で、経営チームとともに日立をどのようなアイデアで改革し、大企業病から脱却させ、成長させることができたのか。それをつぶさに記録し、日立の今日の姿をお伝えしたい。さらに、知恵を絞ること、新しいアイデアを生み出すことの楽しさと喜びをお伝えしたい。これが本書を執筆した理由です。

私が日立に入社したのは1977年です。日本が世界第2位の経済大国の名をほしいままにしていた時代です。当時のサラリーマンは〝企業戦士〟と呼ばれ、より豊かになるために何よりも仕事を優先するのが常識でした。私もがむしゃらに走り続けてきました。

しかし今は違います。そんな時代ではありません。社会のニーズがモノからコトへと変容する中で企業の事業内容も変化し、人々の職業観や働き方も変わりつつあります。とくに、若い世代のみなさんはそうでしょう。ですが、変わらないこともあります。働くこと、知恵を絞り新しいアイデアを生み出すことの楽しさや、お客さまに感謝されることの喜びに変わりはないはずです。

ビジネスの最前線にいらっしゃるみなさん、あるいはこれからビジネスの社会に飛び込もうとしているみなさんにとって、本書が何がしかのご参考になれば幸いです。

（注）株式会社日立製作所は、２０１５年３月期の有価証券報告書における連結財務諸表から、国際財務報告基準（ＩＦＲＳ）を採用しています。本書記載の業績は、２０１４年度までは米国会計基準（ＧＡＡＰ）、２０１５年度以降はＩＦＲＳに基づく数値であり、本書における売上・営業利益・当期利益・当期損失の記載は、ＧＡＡＰでは売上高・営業利益・当期純利益・当期純損失、ＩＦＲＳでは売上収益・調整後営業利益・当期利益・当期損失をそれぞれ指します。

第1章　ポラリスを見上げて

「なんで、私が?」

２０１３年12月13日、日立グループが協賛するプロゴルフトーナメント「日立３ツアーズ選手権」の前夜祭の日のことでした。突然、社長室に呼ばれました。

日立製作所の本社は、東京駅丸の内北口の目の前に立つビルの上層階に入居しています。社長室は27階にあり、晴れた日には新宿のビル群まで見渡すことができます。社長室は30畳ほどある広い部屋で、窓際に執務机があり、中央には茶色い大きな会議用テーブルが８脚ほどの革張りの事務用いすで囲まれています。

突然呼ばれたと言いましたが、実はさほどめずらしいことではありません。当時、私は社内カンパニーの１つであるインフラシステム社の社長を担当する執行役専務でしたから、社長の中西さんに呼ばれるのはむしろ日常茶飯のことでした。副社長が6人いましたから、社内の序列からするとさしずめナンバー10前後といったところでしょうか。

「なんでしょう」と気軽に社長室に入ると、「ちょっと座れよ」と会議用テーブルのいすをすすめられました。

中西さんは豪放磊落を絵に描いたような人で、普段はべらんめえ調、気さくな人柄です。

「俺の次の社長、やってくれねえかな」

ちょっと銀座にでも行かないか、と誘うような言い方だったと記憶しています。

「中西さんのようなカリスマ社長の後任は、誰にも務まりませんよ」

私は笑って受け流しました。それればかりか、

「中西さんのあとが務まる人は、しいて言えば……」

と、副社長の1人の名前を挙げて推薦までしていました。

日立の社長就任の打診を「笑って受け流した」と言うと、不思議に感じる方もおられるかもしれませんが、そのときの私は、中西さんの打診を私の意欲や野心を確かめる程度のものと受け止め、後継社長の指名だとは思いもしませんでした。

なぜそのとき中西さんの言葉を軽く受け流してしまったのか、今思うと自分でもちょっと不思議です。というのも、実はその2年ほど前に当時の川村会長から、私が次期社長候補に挙がっていると聞かされていたからです。「5人の候補のうちの1人だ」と聞いていました。

当時、私は日立プラントテクノロジーというグループ会社の社長の職にありました。社長候補の1人と聞かされても、「なんで、私が？」くらいに受け止め、「社長にはなりたい人がなればいい」としか思いませんでした。裏返せば、社長になりたいとは露ほども思っていなかったのです。

そんなふうに言うと、いかにも無欲の聖人君子然としていて、嘘くさく聞こえるかもしれません。私だって、自分が無欲だとも君子だとも思っていません。

「日立社長」の不文律

では、なぜ露ほども社長になりたいと思ったことがなかったのか？　今回、本書を書くにあたり、自分の本当の気持ちはどうだったのか、あれこれ考えてみました。私は前しか見ないタイプですから、自分の過去の気持ちを分析するなんてことは、ほとんど初めてのことです。

私の日立での来歴についてはあとに触れますが、私の専門は電気工学です。入社以来20年近くは、工場で開発したシステムの納入にあたり、設計通りに稼働するか、出荷してよいかどうかを確かめる品質保証部（検査部）という部署で働いてきました。

仕事の大半は現場のトラブル解決でしたが、知恵を絞ってお客さまに「ありがとう」と言ってもらえるのは何より嬉しいことでしたし、鉄道や電力などの企業に納めたシステムが社会を支えているという実感は、大きな誇りでした。

品質保証部ではさまざまな分野のシステムを担当しました。つねに学びの連続で、自分が成長していくことが楽しかった。目の前の仕事に邁進する毎日でした。

大企業では、昇進や出世をめぐってドロドロとした社内政治が渦巻いているようなイメージをする人もいるでしょう。ただ、私はそういったことにはとんと関心がないタイプ。一生懸命に仕事に打ち込んでいたら、役員になっていたという感じでした。ですから、次期社長と言われても、自分のこととしては想像できなかったのかもしれません。

もう1つ、思い当たることがあります。私は日立が大好きですから自分の会社のことを悪くは言いたくないのですが、なにぶん歴史の長い巨大企業ですから、いろいろと旧態依然とした社風や体質があったのは事実です。それを変えようとしたのが川村さんと中西さんであり、CEOの任を担った私の6年間の仕事は、大きな意味では2人の志を受け継いで、この「大企業病」的体質を変革することだったと言ってもよいと思います。

そういう意味では、トップ人事も大企業病の1つだったかもしれません。私が入社したのは1977年ですが、当時は「東京大学工学部卒か日立工場の出身でなければ出世はできない」という不文律があったからです。

日立は1910年の創業で私は11代目の社長でしたが、創業者の小平浪平をはじめ私の前の中西さんまで、社長は10人中8人が東大工学部の出身です。そして、10人中7人が日立工場の出身です。

ちょっとわかりにくいかもしれません。日立製作所の創業の地である茨城県日立市にはいくつかの工場がありますが、中でも長きにわたり発電システムの開発・製造などでグループを牽引してきたのが日立工場です。その日立工場で技術者として働き、工場長を務めることが代表的な日立の出世コースだったのです。

かくいう私は徳島大学工学部の出身です。また、同じ日立市内でも、日立工場ではなく、鉄道や工場などの設備の制御系システムを開発する大みか工場の出身でした。自分が社長になると想像できなかったのは、私自身が「社長像」という点で、知らず知らずのうちに大企業病に染まっていたからかもしれません。

思い返せば、川村さんから5人の社長候補の1人であることを告げられたとき、

「東大出身じゃないという理由で断ったりするなよ」

そんな趣旨のことも言われていました。そのときは、その言葉の真意に思い至りませんでしたが、ひょっとすると、川村さんも大企業病からの脱却の必要性を痛感していたのかもしれません。

「青天の霹靂とはこのことかと驚きました」

サラリーマン社長が社長就任を打診されたときの感想を聞かれると、たいていはこんな感じでしょうか。ただ、中西さんに就任を打診されたときの私は驚くどころか、打診自体を本気に

しなかったのですから、自分でもややあきれます。

グループ会社の社長とはわけが違う

さて、中西さんからの打診を軽い気持ちで断った、その翌日のことです。日立3ツアーズ選手権のプロアマ戦が終わったあとで、今度は、会長の川村さんにゴルフ場のクラブハウスの一室に呼ばれました。変な言い方になってしまいますが、そのとき初めて、社長就任要請は〝まじめな話〟なのだと認識しました。川村さんまで出てきたのだから、これは本当の話なのだと思い至ったわけです。

「東原、社長になれ」

こう言う川村さんから、1時間あまりにわたりさまざまなお話を聞きました。

「社長はラストマン、人間として最も成長する役職だ」

「少にして学べば、壮にして為すことあり。壮にして学べば、老いて衰えず。老いて学べば、死して朽ちず、だよ」

そんな内容でした。ちなみにラストマンというのは川村さんの著書『ザ・ラストマン』（KADOKAWA）のタイトルにもなった川村さんの社長論を象徴する言葉で、「少にして学べば……」は幕末の儒学者、佐藤一斎の言葉です。

「東原、人間は一生勉強だ。考え方の違う上司の下で働くより、自分がラストマンとしてやってみたらどうだ。自分が日立を動かせるんだぞ」

こうも言われました。川村さんは、私の負けず嫌いな性格を見抜いていたのでしょう。

「……しばらく、考えさせてください」

そう言って面談を終えました。

そのときはまだ、心の準備がまったくできていませんでした。

まず、当時の私は日立の全容を把握していませんでした。鉄道や電力などインフラ関連事業に精通している自負はありましたが、そのほかの事業や上場子会社の状況はほとんど理解していません。

それまでの例では、社長になる人は就任前に何年か副社長を経験し、自分の専門外の部門の事業についても理解を深めながら、日立の実態と経営を把握するのが普通です。ほかの多くの会社でも同じように経営幹部でいる間にトップになる自覚を徐々に培っていくものだと思います。その点、私は、副社長はおろか専務になってから1年も経っていませんでした。

グループ全体の社員が30万人以上います。日立の社長は重責です。トップが判断を誤ると、家族を含め100万人近い人が路頭に迷うことになってしまいます。関連企業や取引先も含めるともっと多いかもしれません。本当に自分で大丈夫なのか？　不安もありました。

グループ会社の社長や社内カンパニーの社長の経験はありましたが、そのときは葛藤などありませんでした。グループ会社や社内カンパニーのトップは資金繰りの心配をする必要がありません。いざというときは本社が助けてくれます。つまり、倒産の心配はないのです。ですから、グループ会社の社長や社内カンパニーの社長に指名されたときは自信満々、自分で大丈夫なのかなどと心配したことは一切ありませんでした。

しかし、グループ会社の社長と本社の社長では次元がまったく違います。二つ返事で「お受けします」とは、とても言えませんでした。

知命と立命

川村さんには「しばらく」と言いましたが、時間はあまりありません。トップの人事は企業にとって最重要事項ですから、いつまでも待たせることはできません。しかも、私は翌日からインドに出張することになっていました。

帰宅して、荷物の準備をしながらも、頭は「どうすべきか」でいっぱいです。川村さんの言葉がよみがえります。

「一生勉強、自己成長……。これは、自分も入社以来実践してきたことだ」

「社長は人間として一番成長できる役職……この言葉は胸に刺さるな……」

あれこれ思案する中でふと、東洋哲学・思想家である安岡正篤の『知命と立命』のことが脳裏をよぎりました。

　大みか工場の交通システム設計部長だった44歳のときに一念発起して以来、私は出勤前の2時間を読書にあて、さまざまな本を乱読してきました。そのころに出会い、座右の書としてきたのが『知命と立命』です。

　人が天から与えられた能力を自覚するのが「知命」で、それを存分に発揮するのが「立命」。この2つを懸命に実践していけば、受け身の「宿命」を自分で切り開く「運命」に変えることができる。私はそう理解しています。

　自分がなぜ指名されたのか？　自分の強みはどこにあるのか？　答えは明白でした。幅広い分野での現場経験です。

　私は入社以来、一貫してお客さまと直接触れ合う現場で仕事をしてきました。日立には電力・エネルギー関連や鉄道関連、情報・通信関連、産業機器などさまざまな産業部門がありま す。日立では管理職になるまでは部門間での異動はほとんどありませんでしたから、社員は入社時に配属された部門のエキスパートとして育っていくのが普通です。

　ところが、私が育った品質保証部はちょっと特殊な部門なのです。大みか工場で開発・製造した制御系コンピューターやプログラムをさまざまな部門の現場に納品し、製品が正常適切に稼働していることを見届け、トラブルがあればそれを解決する。それが品質保証部の仕事です。そのため自然と、日立の幅広い分野にわたる事業の現場を経験し、精通することができたのです。

その私が指名されたということは、現場の声を経営に直結させるのが私の使命だということなのではないか？

そう気づいたとき、ストンと腑に落ちました。現場を知り尽くしているのが私の知命であり、後継社長に指名されたのは立命だと思い至ったのです。肚をくくりました。

「I'm possible にします」

翌日、成田空港のラウンジから川村さんにメールを送りました。

「社長就任、お受けします。今の私の力で社長業は Impossible です。でも勉強して Impossible の『I』のあとにアポストロフィーを入れて『I'm possible』にします」

さて、年が明けた２０１４年の１月８日、私は社長交代の記者会見に臨みました。社長人事は直前まで近しい関係者にも伏せられており、年末の時点で知っていたのは川村さんと中西さん、私の３人のほかには、広報担当役員と、広報部門の２人の計６人だけでした。

メディアは元旦の１面トップで企業の社長交代のスクープを狙ってきます。広報からは、「お正月に記者の方から電話がかかってきて『おめでとうございます』と言われても、『ありがとうございます』ではなく『あけましておめでとうございます』と応えてください」

こう念を押されました。それと、「ネクタイは川村さんが朱、中西さんが青なので、黄色にしてください」。今では笑い話ですが、就任までの1カ月間は、あらゆる場面を想定した情報管理の徹底を求められていました。

社長交代会見では、会場に入場するや否や、すさまじいシャッター音に囲まれました。

「川村さんと中西さんと東原さん、3人でがっちりと握手してください！」

そうリクエストされ、正面、右、左とあらゆる角度からレンズが向けられます。

「これは大変だ……」

否が応でも注目度の高さを実感します。

会見では川村さん、中西さん、私の順に話す段取りでしたが、前の2人がどのような話をするのか、事前には知らされていませんでした。

川村さんの「若い人に譲るときが来た」、中西さんの「一回りも二回りも、日立を大きくするんだ」という言葉が、今も耳に残っています。

私はというと、サービス事業やグローバル事業など成長基盤の強化と、自律分散型グローバル経営の推進といった抱負を語り、

「実現のためには1人ひとりが『Ｏｎｅ Ｈｉｔａｃｈｉ』の意識を持つことが重要で、その意識を社内に浸透させていきたい」

そう話しました。会見冒頭の発言には、私の日立の社長としての8年間のエッセンスがすべ

て含まれていますので、ちょっと長くなりますが、その要旨をご紹介しておきます。

One Hitachiをめざして

――昨年12月半ばに、川村会長、中西社長から執行役社長兼ＣＯＯ（最高執行責任者）の職に就くように言われました。２０１５中期経営計画の1年目でもあり、私にとっては青天の霹靂でしたが、今後の日立の成長に私がお役に立てるのであればと、大役ではありますがお引き受けすることといたしました。

私は１９７７年に日立製作所に入社し、大みか工場で列車運行管理システムや電力系統制御システムの開発に携わりました。１９８９年から１９９０年の間は、米ボストン大学でコンピューターサイエンスを学びました。以降、情報・通信グループ、電力グループではプロジェクトマネジメントを、ドイツの日立パワーヨーロッパや日立プラントテクノロジーではそれぞれ経営に携わるなど、幅広い分野と地域でビジネスを経験しました。近年は、ベトナム、タイ、インド、カタール、サウジアラビア、ブラジルなど成長著しい地域で、多くの現地法人の設立やM&A（企業の合併・買収）を進めてきました。

私自身、海外に行ってビジネスの匂いがあるかどうか現場で感じないとだめなタイプで、新興国のすさまじいエネルギーやヨーロッパの堅実さを肌で感じながら仲間とビジネスを組み立ていくのが喜びです。

今、日立はV字回復を成し遂げ、社会イノベーション事業をグローバルで展開中です。この成長を確固たるものにしていくために、今重要なのは「成長基盤の強化」にあると考えています。たとえば、サービス事業基盤やグローバル事業基盤の強化です。

サービス事業基盤として、1つは省エネや生産効率の改善といったお客さまの経営課題を解決するソリューション体制の整備であり、もう1つは製品ライフサイクルでの保守サービスにクラウドやビッグデータ解析技術を導入し、より高度なサービス体制を確立することです。

グローバル事業基盤の強化については、お客さまに近いところにプロジェクトオペレーションを任せ、各地域でスピード感を持って事業展開していく体制の確立です。

日立グループ・ビジョンを世界中の仲間が共有しつつ、日本から世界を見るのではなく、各地域、各事業のコントロールタワーが「グローカル」な判断に基づき自律的に、迅速にアクションしていく「自律分散型グローバル経営」を推進していきます。

そうしていくためには、1人ひとりがお客さま視点で、グローバル視点で「One Hitachi」の考えを持つことが重要です。

私は、アレクサンドル・デュマの小説『三銃士』の中に出てくる「One for all, all for one」、個人はみなのために、そして、全員で勝利に向けて戦おう!という精神を社内に浸透させ、「One Hitachi」を実現していきたいと思います。

2014年1月の記者会見にて、左から川村会長・著者・中西社長（肩書はいずれも当時）

社長としてグローバルな成長実現のためのチャレンジも数多くあろうかと思いますが、私自身の強みでもある〝現場力〟を大いに発揮し、失敗を恐れず、「One for all, all for one」の精神で、日立グループのCOOとして、社会イノベーション事業をグローバルに展開していきます。

重責ではあるものの、4月以降、非常に楽しみにしております。

製造業史上最大の赤字

ここまでお話しすると、後継社長は川村さんと中西さんの2人で決めたように思われる人がいるかもしれませんが、もちろん違います。私への打診と並行して、取締役会で執行役の人事について議論され、川村さんが相談役に退き、中西さんが執行役会長兼ＣＥＯ、私が執行役社長兼ＣＯＯに就任することが決定しました。ＣＥＯとＣＯＯは、日立ではこのとき初めて置かれた役職です。

「序章」でも少し触れましたが、私が執行役社長兼ＣＯＯに就任した２０１４年ごろの日立は、経営危機から脱却し経営再建の途上にありました。私が指名されたのは、そうした非常時だったからなのだと思います。そういう意味では、川村さんも中西さんも、非常時に際しての異例の登板でした。

日立では社長には副社長から昇格するのが慣例だとお話ししました。副社長の１人が社長に就任すると、同じ時期に副社長だった人たちの中には、グループ会社や関連会社の社長などのポストに退き、そこで日立本社での出世競争を終えるケースもあります。

川村さんは１９９９年に７代目社長の庄山悦彦さんが就任したのと同時に副社長に昇進しましたが、数年後に退き、グループ会社の会長を歴任していました。中西さんは８代目社長の古川一夫さんが就任した翌年に副社長を退き、会長兼ＣＥＯとして兼務していた米国グループ会社の経営に専念していました。それが、２人とも２００８年の経営危機の翌年、８０００億円近くの赤字からの経営再建の切り札として日立本社に呼び戻されたのです。

「慣例破りの異例のトップ人事」と、当時のメディアは大騒ぎでした。

さかのぼると、２０００年以降の日立の業績は売上こそ拡大し続けていましたが、当期利益はほとんど出ていない、いわば鳴かず飛ばずといった経営でした。ＩＴ（情報通信）バブル崩壊が直撃した2001年度には5000億円近くの当期損益を計上しています。それでも変われなかったのが、かつての日立でした。

そして、リーマンショックに見舞われた2008年度に連結ベースで7873億円という巨額の最終赤字を計上します。製造業史上、当時最大の赤字です。そこで呼び戻されたのが川村さんと中西さんであり、ほかにも、やはり副社長経験者だった八丁地隆さんや三好崇司さんが復帰しています。

動かない会社

創業以来未曾有の赤字を計上した年、私は日立パワーヨーロッパというグループ会社の社長を務めていました。ドイツのデュイスブルクに本社を置く、火力発電設備の設計・製造・据付などを行う会社です。ドイツで日立グループの巨額赤字を知った私は、

「もしかしたら日立は潰れてしまうかもしれない」

本当にそう思いました。

日立パワーヨーロッパもその年、大きな赤字を出してしまっていました。私のミッションは、赤字続きだったこの会社の収支を黒字にすること。その仕事に必死に打ち込んでいた矢先に、「日立経営危機」の一報が飛び込んできたのです。

外に出てみると、自分がどっぷりつかっていた組織のよいところも悪いところも見えてきます。日本を離れてヨーロッパから眺めてみると、日立は改革に取り組まない「動かない会社」に見えました。

もちろん、日立だけではありません。当時の日本の大企業の多くも同じようなものだったと思います。７８７３億円の赤字は長年変われなかった、動かなかったツケかもしれない……。

たとえば「言い訳文化」です。赤字を出しても、赤字になった理由をうまく説明したらそれで終わり。上手には説明するけれど、自分が最後まで責任を取って黒字化しようじゃないかという気概のある人は、残念ながらまれです。

Ａ３サイズの資料をたくさん作って、

「当初想定のときはこのように考えたのですが、社会情勢の変化で為替レートがこのように変わり、市場もこのように変化した結果、赤字となりました」

などと言って、責任をうまく転嫁するのです。そして、それがまかり通ってしまう。

パフォーマンスも上手です。予算や目標を達成できずに赤字を出してしまったときは、社長の前に関係者がずらっと並んで直立します。

「申し訳ありませんでした！」と深々と頭を下げてから言い訳を始め、その場を切り抜けようとする。

残念ながら、決算時期のたびにそういう光景を何度も目にしました。

「7873億円の赤字は、なるべくしてなったものだ。日立の再建は容易ではないだろう」

私はそう思っていました。リーマンショックが引き金ではありましたが、大赤字の根本的な原因は、日立の大企業病的な体質にある。日立の体質がそんなに簡単に変わるとは思えません。

川村さんと中西さんの復帰を聞いて、私は「そういう手しかないのだな」と思いました。

V字回復

川村さんは1年間にわたり執行役会長兼執行役社長として全権を掌握したあと、会長に専念することになり、執行役社長には中西さんが就任しました。

2人のコンビでの日立改革は川村さんのもう1つの著書『100年企業の改革　私と日立私の履歴書』（日本経済新聞出版社）に詳しく記述されていますから、詳細はそちらに譲りますが、2人が断行したのは「事業構造改革」と「ガバナンス改革」でした。

事業構造改革とは、各事業を検証・整理して、有望な事業には注力し、そうでない事業からは撤退することです。川村さんは前者を「近づける事業」、後者を「遠ざける事業」と表現していました。最初に断行したのは、日立情報システムズ（現・日立システムズ）など、上場子会社5社の完全子会社化です。

情報通信技術を基盤とした社会のデジタルインフラを構築する「社会イノベーション事業」

に注力するため、その基盤技術となるＯＴ（Operational Technology＝制御・運用技術）やＩＴの技術力を持ったグループ会社を完全子会社化し、一体運営を強化したのです。事業重複などの非効率を解消するとともに、子会社の収益を１００％取り込んで財務体質を改善しようという、一挙両得の改革でした。川村さんは、赤字が続いていたテレビの自社生産からの撤退など、不採算事業の整理にも手を付けました。

もう一方の「ガバナンス改革」では、カンパニー制を導入して、社内に競争原理が働くようにしたほか、２０１２年度には取締役の過半を社外取締役としました。また、財務改革として公募増資を実施し自己資本（株主資本）比率を回復させました。カンパニー制については、あとで詳しく触れます。

ともかく、こうした改革により、川村さんと中西さんのコンビは日立をわずか3年で再建させ、２０１２年3月期には過去最高の当期利益を達成します。すごいことです。世間では「Ｖ字回復」と称賛されました。

これらの大改革は、病気にたとえるなら外科手術です。リスクも痛みも伴います。とくに、日立のような創業１００年を超える大企業では難しいことでした。長年の間に日立という土壌に広く、深く張りめぐらされていた慣例やしきたり、しがらみといった〝根〟を断たなければならないからです。

完全子会社化とはすなわち、子会社から独立性と経営者の権限を奪い取ることです。少数株主にも説明を尽くさなくてはなりません。事業の整理とはリストラや、他社への事業譲渡です。公募増資とは新株の発行ですから、株の価値は希薄化し株価下落につながります。既存の株主からは猛反発されました。

すべて川村さんでなければできないことだったと思います。退路を断ったうえでの徹底した変革でした。

グループ会社の経営陣の多くは日立ＯＢです。しがらみがあります。でも、グループ会社に誰がいようと、ＯＢが何を言おうと関係ない。改革すると決めたらその信念を貫き、説明を尽くす。肝の据わり方が違っていました。

ちなみに、私が社長になったあとは川村さんも中西さんも、実務には一切口出ししませんでした。組織変更や人事も私のフリーハンドで行えました。地位を譲ってもいろいろ干渉したくなるのが人の性《さが》ですから、そこも先輩２人の立派なところだったと思います。会長になった今、私も見習わなければと自戒しています。

３つのポラリス

私が社長に就任する際、川村さんからは「日立を営業利益率の高い『稼げる会社』にしてほしい」、中西さんからは「社会イノベーション事業のグローバルカンパニーをめざしてほしい」

と課題を与えられたお話はしました。

社長を引き継いだのは2014年4月でしたが、2014年3月期、つまり前年度の売上は9兆5637億円で当期利益は2649億円でした。5年前に7873億円の赤字だったことを考えれば堅調な数字ですが、営業利益率は5・6%にとどまっていました。

しかも、営業利益の半分は上場子会社の利益に支えられており、日立本体の営業利益率は、グループ全体の利益率よりかなり低い状況でした。欧米の優良企業の営業利益率は軒並み10%前後あります。稼げる会社にするには利益率を上げなくてはいけません。

モノを売るビジネスからコトを売る社会イノベーション事業についても、バルーンは打ち上げたものの中身はこれからといった状態でした。

さらに言うと、日立には世界一のシェアを誇る事業が1つもないことが課題でした。日立にはさまざまな事業や製品がありますが、どれも2番手か3番手でしかない。社員が自信を持って世界を相手に戦っていける姿ではありませんでした。

2人から託された「稼げる会社にする」「社会イノベーション事業の強化」に加え、グローバルナンバーワンの事業をつくること。この3つが、私のポラリスとなりました。ポラリスとは北極星、すなわち日立の進むべき方向という意味です。この星があるから、ぶれることなく日立の先頭を走り続けることができたのだと思います。道に迷いそうになっても、見上げるとポラリスが行き先を示してくれていました。

すでにお話しした通り、私としては、考えてもいなかった社長に指名されたわけですから、指名された時点では、社長になったらこういうことをして、こういう会社にしようといったビジョンや具体的な構想はほとんどありませんでした。それを教えてくれる人も、もちろんいません。

社会インフラの電力や鉄道などの事業には精通していましたが、そのほかの部門のことはわかりません。上場子会社の実態も知りません。ドイツなど担当した事業以外の海外状況も十分に知りません。それぞれのお客さんのことも知らなければ、銀行とも付き合いがありません。

それから人です。社員です。人事は人を知らなければできません。どこに人財がいて、誰を各部門やグループ会社のトップに据えればいいのか……。

幸運だったのは、執行役社長兼ＣＯＯの2年間を、助走期間というか修業期間にあてられたことです。私は多くの方々と議論を交わし、現場にいた人間として今まで抱いてきた課題意識やアイデアも反映させながら経営ビジョンを描いていきました。

今、ＣＥＯを務めた6年間を振り返ると、「ビジネスユニット（ＢＵ）制」と「自律分散型グローバル経営」の基盤を作り、自律分散型経営の推進力となる「Ｌｕｍａｄａ（ルマーダ）」を構築したと総括できますが、それらはＣＯＯの2年間で構想したことです。

そして、２０１6年4月、執行役社長兼ＣＥＯに就任し、いよいよ日立のトップの重責を担うことになります。

第2章　稼げる会社になる

めざせ、営業利益率8％

２０１６年4月、私は執行役社長兼ＣＥＯに就任しました。ＣＥＯになると、経営に強い権限を持つことになります。

ＣＥＯとしての最初の仕事は、２０１６年から２０１８年までの経営の方向性と目標を定める「２０１８中期経営計画（18中計）」の策定です。日立は3年単位で経営目標を定める中期経営計画を立てて経営の指針としています。ワーキングチームを編成して前年から準備し、就任1カ月後の２０１６年5月に公表しました。

「3年後の２０１８年度には、売上10兆円、営業利益率８％超、当期利益４０００億円超を達成する」、そう定めました。前年の２０１５年度実績は売上10兆０３４３億円、営業利益率

6・3％、当期利益1721億円です。

「売上は10兆円で十分。課題は利益率のアップだが、回復の見込みが薄い不採算事業や低収益事業を整理すれば、8％はなんとか達成できる数字だろう」

こんなふうに考えていました。併せて、社会イノベーション事業を日立グループの事業の中心に据え、強化していく方向性をより明確に打ち出しました。

さて、まずは不採算事業や低収益事業の整理です。そのために、最初に社内の組織改革から着手しました。具体的には、川村さんが会長兼社長に就任した2009年に導入されたカンパニー制を廃して、すべての事業を社長の直轄とし、社長自らがハンズオンでマネジメントする「BU制」に移行させました。

こう言っても、わかりにくいかもしれません。BU制について説明する前に、まずはカンパニー制の成果についてお話ししておきます。

カンパニー制とは、社内の各事業部門を疑似的な会社として、グループ会社と同様に、1つの法人とみなして事業展開する制度です。社内カンパニー制と呼ばれることもあります。それぞれに社長を置いて責任と権限を明確化し、独立採算による迅速な運営を徹底することが狙いです。

カンパニー制は日本では1994年にソニーが初めて導入し、大手自動車メーカーや電機メーカー、銀行など、さまざまな業界の多くの企業が導入してきた制度です。

日立では導入後、社内カンパニーの数を増やしたり、グループ制にしたりと変遷をたどりましたが、私の社長就任時には、日立全体のブランド戦略やマーケティング戦略を担うグループ・コーポレート部門や研究開発部門などを除き、各事業部門は電力システム社、インフラシステム社、都市開発システム社、交通システム社、情報・通信システム社など9つの社内カンパニーが〝独立〟していました。さらに各カンパニーや上場子会社を「情報・通信システムグループ」や「インフラシステムグループ」などに分類し、グループ長がグループの司令塔の役割を果たしていました。

もたれ合い意識

カンパニー制は非常に合理的なシステムです。導入当時の年間売上は連結ベースで9兆円前後。製造・販売・サービス機能が一体となったそれぞれのカンパニーが、年間1兆円を売り上げ、なおかつ営業利益率10％を稼ぎ出せば、9部門で売上9兆円、営業利益9000億円となる計算です。

上場子会社などが加われば文句なしの業績となります。それがカンパニー制を導入した川村さんがめざしていた日立グループの姿でした。目標を達成できない社内カンパニーや上場子会社はトップを替えればよい、川村さんや中西さんはそう考えていたと思います。

外から見てもわかりやすい制度です。日立のような巨大企業グループは、いったい何をしている企業なのか、一般の人にはよくわかりません。いまだに日立が家電メーカーだと思っている人も多いと思います。

カンパニー制のもとで、日立には情報・通信システム社があって、電力システム社や交通システム社もあって、それから上場子会社としては建設機械や材料事業などがありますよ……そう紹介すると、日立の事業構造はある程度理解しやすくなります。

川村さんが社長に就任した当時、日立の経営はどん底でした。その遠因は、すでに指摘した通り、大企業病的体質にあったと思います。

巨大企業ですから、1つの部門だけでも数多くの事業を抱えています。大きな利益を生み出す事業もある一方で、不採算や低収益の事業もありました。健全な経営のためには、不採算や低収益の事業は整理したり撤退したりといったことが必要だったはずですが、歴史や伝統、メンツなどに縛られ、改革は先送りされ続けていました。そうした中、社内には、

「自分の事業で赤字を出しても、稼ぎ頭の事業が帳尻を合わせてくれるから心配ない」

というような、もたれ合いの意識がいつしかはびこるようになっていました。これが大企業病です。

カンパニー制の導入で、そこにメスを入れたのが川村さんの改革でした。カンパニー同士を競わせることで、大企業的もたれ合いの体質を一掃する狙いもあったのだと思います。その時

点では、日立の再建にとって必要かつ最善の施策でした。

カンパニー制が導入されたとき、私は日立パワーヨーロッパの社長でドイツにいたわけですが、川村さんの剛腕ぶりが日本から聞こえてきて、とても驚いたものです。そして、私もそののち、社内カンパニーの1つであるインフラシステム社の社長を経験します。社長就任前の1年間だけでしたが。

「実は物語」

カンパニー制は日立のV字回復に大きく貢献しましたが、導入して5年も経つと、新たな課題も浮上していました。業績は一定の水準に達したけれど、そこからもう一段高いレベルの成長を遂げるには、何かが足りないのです。

ちょうど私が、中西CEOの下で社長兼COOとして修業していた時期です。細かいレベルでは、各カンパニーには不採算事業や低収益事業が整理されずに残っていました。

「大企業病の残滓がまだあちこちにはびこっている……」

社内の現状を把握するにつけ、そう痛感していました。

社長1年目の2014年度は、川村会長・中西社長時代の2013年に策定した2015中期経営計画（15中計）の2年目でした。年度始めの4月には経営計画に基づいて各カンパニーやグループ会社が作成する予算を積み上げ、日立グループの連結予算を作り、日立グループとしての1年間の売上や利益の見通しを発表します。つまり業績予想ですが、これはいわば株主との約束であり、その内容によって日立の株価は変動します。

15中計で当初掲げていた2015年度の目標は売上10兆円、営業利益率7％超でしたが、2015年度の期初業績見通しは売上9兆9500億円、営業利益率6・8％。この段階で、中計目標の達成に黄信号が灯っていました。

先ほどお話ししたように、カンパニー制では、各カンパニーに社長がいて権限と責任は明確化されています。強い権限が与えられる代わりに、期待される業績を上げることができなければ交代させられます。そのため、本社の社長には社内カンパニーのトップの人事権はあっても、経営の実装には口出ししないのが原則です。

もちろん、すべてお任せというわけではありません。四半期ごとにそれまでの売上や利益の達成度と、年度内の達成見通しの報告を受けます。その報告をもとに、会社全体の業績見通しを修正して公表します。それによってまた株価は変動します。

社長になってわかったことですが、上期まではどの社内カンパニーも「年度内の目標は達成可能である」との見通しを報告してきます。株価も堅調に推移します。ところが、年の瀬が近づき、第3四半期も終わろうかというころになるとがぜん雲行きが怪しくなってきます。

「実は……」

目標予算の達成が難しくなってきました、という報告が目に見えて増えてくるのです。

これを「実は物語」と呼んでいました。

繰り返される「3Qショック」

「実は……」の報告を足し合わせると、どうやっても期初の業績見通しには届きません。したがって、第3四半期の業績発表と同時に、見通しも下方修正することになります。

結果、株価はどんどん下がってしまいます。こっちの呼び名は「3Q（第3四半期）ショック」です。

たとえば、情報・通信システム社は2015年度の期初見通しは売上2兆1000億円、営業利益1580億円でした。営業利益率の見通しは7・5％で、全社の目標を上回る水準。さすが、稼ぎ頭であるIT事業の面目躍如というところです。

上期までは見通しを達成できると報告を受けていました。が、やはり「実は物語」が発生してしまいます。第3四半期時点で、通期の売上は2兆0800億円に、営業利益は1370億円、営業利益率は6・6％に見直さざるをえませんでした。

結局、第3四半期の決算発表でのグループ連結の通期業績見通しも、売上は9兆9500億円で据え置くものの、営業利益は6300億円と下方修正を余儀なくされました。営業利益率

■ 日立の「実は物語」――未達に終わった15中計

		2015中計目標（2013年発表）		2015年度期初見通し（2015年5月発表）		第3四半期で下方修正（2016年2月発表）		実績（2016年5月発表）
売上	グループ全体	10兆円		9兆9500億円		9兆9500億円		10兆0343億円
	情報・通信システム社	―		2兆1000億円		2兆0800億円		2兆1093億円
営業利益（率）	グループ全体	7000億円超（7%超）	➡	6800億円（6.8%）↓	➡	6300億円（6.3%）↓	➡	6348億円（6.3%）→
	情報・通信システム社	―		1580億円（7.5%）		1370億円（6.6%）↓		1413億円（6.7%）↑

は6・3%となり、15中計の目標はおろか、期初見通しも未達です。

業績修正を発表すると、株価は発表前の592円から10日後には431円まで下落しました（2018年に行った株式併合前の株価）。年度末近くになって業績見通しの下方修正を繰り返すような企業は、株式市場から信用されません。なまじV字回復したことのある会社だから、市場の期待値も大きかったんだと思います。

最終的に、2015年度の決算は、売上こそ10兆0343億円と目標を上回りましたが、営業利益は6348億円、営業利益率は6・3%という結果に終わりました。

「実は物語」の結果の「3Qショック」。これは一度や二度のことではありません。

私は、

「こんなことではいけない」

と痛感しました。こんな調子で「実は物語」を続けていては、いつまた業績が急降下してもおかしくありません。

サイロ化の弊害

日立の社内カンパニーは、どこも多くの事業を抱えていました。先ほどの情報・通信システム社を例にすると、2015年度当時はアプリケーションサービス事業部、金融システム事業部、公共システム事業部、通信ネットワーク事業部など10前後の事業部があり、そのほかにも新規事業開発を行う部門や経営戦略室、業務改革を推進する部門、営業統括の本部などのセクションがあります。

各カンパニーは、カンパニー全体としての売上や利益率などで評価していましたから、カンパニーの社長としては当然、高収益の事業に注力します。それはいいとして、問題は、不採算事業や利益率の低い事業のほうです。

部門の担当者はもちろん、「今期こそ黒字転換します」「採算は上向きます」と、業績を改善する計画を立ててきます。

きちんと立てられた計画にのっとって目標が達成できれば何も問題はありませんが、苦し紛れに作った現実的でない計画が、精査もテコ入れもされないままでは前述の通り、第3四半期には「実は物語」が待っています。

「自分のところが赤字でも、ほかが帳尻を合わせてくれる」という、カンパニー制導入で一掃しようとした甘えの構造が、まだ根強く残されていたということです。

カンパニー制にはもう1つ、別の課題も見えてきていました。各カンパニーは独立した法人とみなし、責任と権限を明確にしています。その裏返しとして、サイロ化しやすいのです。分厚いレンガで囲われていて中が見えない。まさに「壁」です。アウトプット（業績）はわかっても、その中身まではよく見えません。どこに問題があって目標が達成できなかったのか、その原因がわからなければ、対処法も解決策も考えられません。

もちろん、サイロ化していたとしても、業績を上げていればそれでよいという考え方もあると思います。日立でも、エレベーター事業などを手掛ける都市開発システム社のように高収益を上げている社内カンパニーもありました。２０１５年度の営業利益率は10・３％です。

しかし、だからといってサイロのままでいいじゃないかとは私は思えませんでした。何がよかったのか？　たまたまラッキーだったのか？　せっかくうまくいっていても、中が見えなければ貴重な成功要因が社内全体で共有できません。それは損失です。

君臨すれども統治せず

各カンパニーは縦割りで、情報交換や、管理職を除いてはカンパニーをまたいだ人事異動もまれです。まるで別会社です。

独立した法人とみなすのですから当然と言えば当然ですが、日立の場合、それは大きな課題でした。というのは、前述した中西さんからのミッションである「社会イノベーション事業の強化」を実行に移すためには、IT部門と鉄道部門、電力部門、プロダクト部門などが連携して、新たなサービスを創造・展開することがマストだったからです。

詳しい説明は次章に譲りますが、強固な縦割り組織のままにしておくと、近い将来ボトルネックとなる危険性がありました。

最も大きな問題は、経営陣の意思が末端の社員に伝わりづらいことでした。社長は各カンパニー社長の人事を行ったり、経営計画策定の段階でカンパニーの社長に指示したりすることはできても、カンパニー内の人事まで目が配れません。つまり、事業部長や営業部長クラスの管理職や現場の社員たちに、人事を通して意思を伝えることができません。社員が見ているのは人事権者であるカンパニーの社長であって、日立の社長ではないのです。

そのため、中西さんはタウンホールミーティング（社員集会）などを頻繁に開催し、社員とのコミュニケーションを密に図っていましたが、人事権者をカンパニーの社長としている限り、それも限界があります。

経営陣が営業利益率7％達成を掲げて旗を振っているのに、その意思が社員全員に徹底されていない。カンパニー内で結果を出せばそれでよいと思っている。「社長は君臨すれども統治せず」といった状況に陥っていたのです。

サイロを〝見える化〟する

川村さんと中西さんが強力に推し進めた構造改革により、経営の足かせとなっていた大きな課題は取り除かれ、成長のための基盤は整っていました。改革をさらに前進させ日立を「稼げる会社」にするには、社内に数多く残っていた不採算事業や低収益事業といった〝隠れた課題〟を見つけて解決していく必要がありました。そうでないと、ちょっとした世界情勢や社会の変化で業績のアップダウンが激しくなってしまいます。

「このままじゃ、日立はもう1回赤字になるぞ。V字回復したあと二番底を打つ『W字形』になりかねない」

私は強い危機感を持ちました。

すでに申し上げた通り、カンパニー制度は合理的な制度です。V字回復の強力なエンジンとなりました。巨艦というぬるま湯に浸かり、大赤字を出して瀕死の状況だった日立の経営再建のためには最善の策でした。が、日立がここからもう一段成長するには、カンパニー制度が逆に足かせとなっていました。

そこで私は、カンパニー制を廃し、すべての事業を社長の直轄とし、社長自らがハンズオンでマネジメントするBU制に移行させせることにしたのです。

BU制は国内外の社員との対話の中から生まれた構想でした。社長就任以来、私はグローバルで約30回のタウンホールミーティングを開催したほか、部長以上の幹部社員との昼食会を20回以上開きました。

「グローバルの競合に伍していくには何が必要か」

「縦割りを打破して日立グループ内でもっと迅速かつ効率的に連携できないのはなぜなのか」

日立の将来を真剣に議論する中で、社員たちにも現状に課題や問題意識を抱えている人が多いことを知りました。

2008年度の危機を乗り越えてきた仲間ですから思いは同じです。私の役割は、それを実現するための仕組みを構想・実現し、社員と伴走していくことです。カンパニー制というサイロを壊し、細かくして中を「見える化」し、一からやり直すしかない。そう考えて、すべての事業経営を私が仕切ろうと決めました。

私を後継に指名した、社長東原の生みの親である川村さんが導入した制度をひっくり返すわけですから、それ相応の覚悟がいることでした。ただ、川村さんに与えられた「稼げる会社」にするというミッションを達成するには、BU制は必須と判断し肚をくくりました。

中西さんにも相談はしませんでした。もともと、「やり方はすべて任せる」と言われていましたから、相談しても「好きにしろ」と言われていたと思います。

■ カンパニー制を BU 制に改革

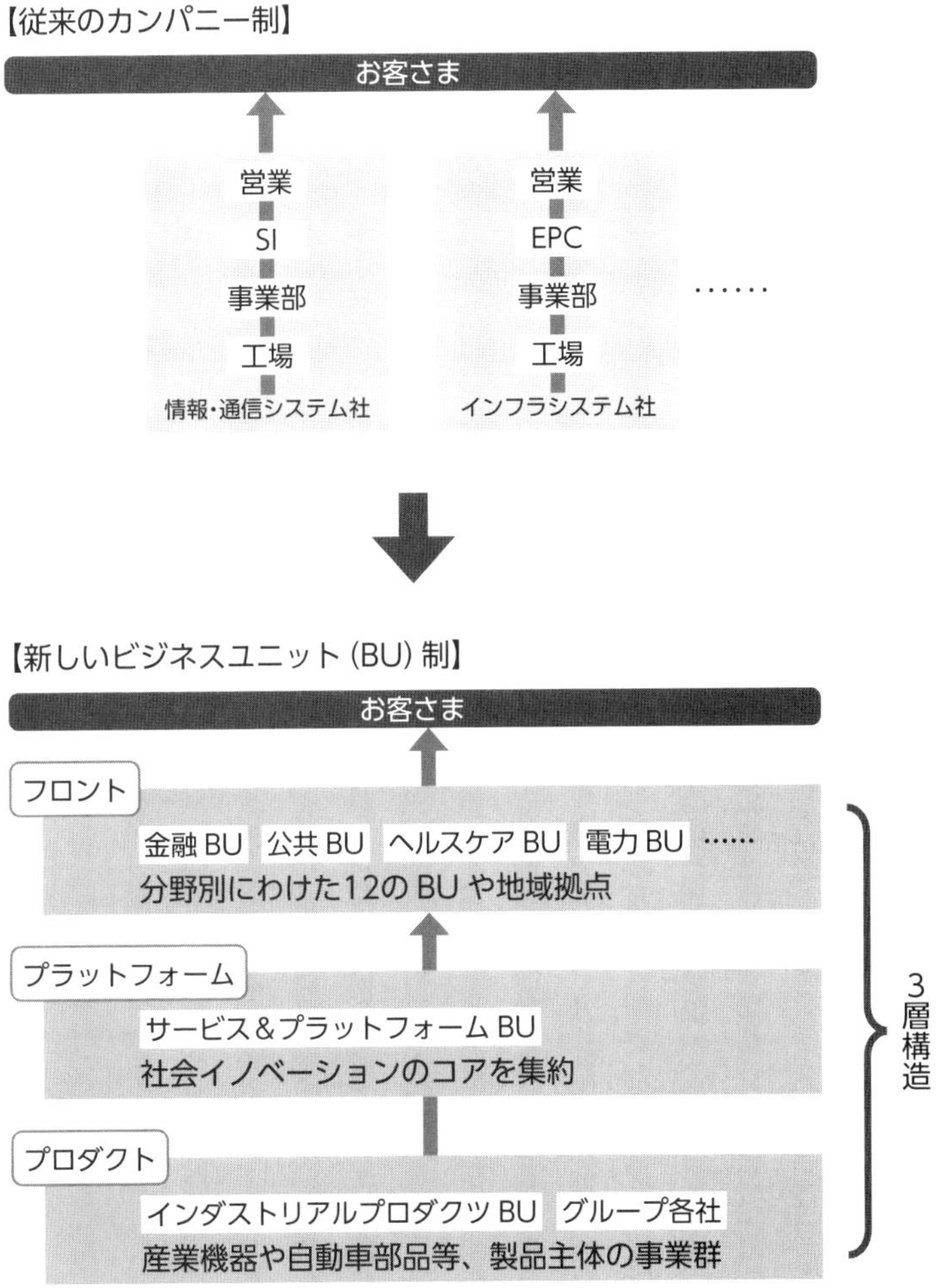

(注) SI = System Integration、EPC = Engineering（設計)、Procurement（調達)、Construction（建設）を含むプロジェクトに対応する部門

社内カンパニー制の見直し

ＢＵ制は、売上が最大２兆円規模という大規模な社内カンパニーを解体して、２０００億～数千億円程度のＢＵに分割・再編し、すべてを社長直轄の組織とする制度です。

当時９社あった社内カンパニーを14のＢＵに分割しました。各ＢＵにＣＥＯ（＝ＢＵ長）を置き、投資権限と収益責任を持たせました。ＢＵのＣＥＯには、常務や理事クラスを中心に任命しました。

ＢＵ制は３層構造になっています。従来は製品別で構成されていたカンパニーを分割し、サービスを主体とする「フロントＢＵ」群と、プロダクトを主体とする群に分類しました。

お客さまと向き合って仕事をするので「フロント」です。フロントＢＵ群に分類されたのは、原子力ＢＵ、電力ＢＵ、鉄道ＢＵ、ビルシステムＢＵ、金融ＢＵなどのＢＵと、米州、アジア・パシフィックなどの地域統括部門です。

一方、プロダクト主体の事業群には、インダストリアルプロダクツＢＵに加え、製品・部品・材料などを製造販売するグループ会社を分類しました。

プロダクト主体の一部の事業と子会社は、この段階から将来的な事業再編を視野に入れていたからです。

「今は営業利益率が2桁近く出ている会社もあるけれど、今以上に市場がレッドオーシャンになったり、コモディティ化したら、事業売却や事業提携などを考えないといけないかもしれない」

そう思っていました。

3層構造の話に戻りましょう。日立はそれまで、ＡＩ（人工知能）、アナリティクス、セキュリティ、ロボティクス、制御技術をはじめとした高度なデジタルサービスを提供するために必要不可欠なテクノロジーが、あちこちの部門に分散していました。それを統合・集約するために、新たに「サービス&プラットフォームＢＵ」を設けました。これでフロント、プラットフォーム、プロダクトの3層構造となりました。

真ん中に位置するサービス&プラットフォームＢＵは、上の層のフロント群や、下の層のプロダクト群が共通で利用することができるサービスやプラットフォームを開発し、提供する役割です。いわば、中西さんから託された社会イノベーション事業のエンジンとなるＢＵです。

ＢＵ制導入から間もなく、サービス&プラットフォームＢＵが開発したプラットフォームを「ルマーダ」と名付けてローンチしましたが、それについては、次章で詳しく紹介します。

“秘密”の社内革命

構想はまとまりました。しかし、大変なのはここからです。

BU制の導入はいわば社内革命です。大混乱が予想されました。

9社あった社内カンパニーの社長は、一国一城の主です。その人たちから城を取り上げてしまうのですから大変なことです。

また、カンパニー制度のもとでグループ長やカンパニー社長を務めていた副社長も、社内カンパニーがなくなってしまえば仕事がなくなってしまいます。

大変なのは役員や理事ら経営幹部だけではありません。BU制を導入するには、グループ・コーポレート部門や研究・開発グループを除いた、ほぼ全社員が関係する人事も断行しなくてはなりません。

「だらだらと進めていては、社内に不安や不満、反対論が充満してしまうだろう。士気に影響が出てしまう。スピードが命だ。事前に告知するのはやめよう」

そう考えました。

BU制導入は2015年の夏ごろに決断しましたが、8月からBUの編成やCEOの人選などを進め、CEOの候補者で組織した部隊に2016年から3年間の18中計の作成を指示しました。

しかし、副社長や、ＢＵのＣＥＯに内定していた人を除いては、社内カンパニーの社長にはいっさいを秘密にしていました。

極秘事項というほど大げさではありませんが、

「次の中計は私のほうで作成しますから、みなさんは今年度の予算達成に全力を注いでください」

そうお願いするだけで、組織改革の話はまったくしませんでした。

中計を作成する際には、グループ長や各カンパニーの社長から現状の報告や意見を聴取するのが普通です。このときは何の意見も聞かれない。副社長や経営幹部は「何かが起こる」とうすうすは感じていたと思います。

人の口に戸は立てられませんから、社内にも「来年は何か起きるらしい」くらいの噂は流れていたかもしれません。やりにくかった人も多かったと思います。が、申し訳ないと思いつつ、私は半年以上知らん顔を通しました。

ＢＵ制の導入は典型的なトップダウン型の改革でした。あえて、その手法を選択しました。カンパニー制の課題とＢＵ制の利点を丁寧に説明し、いろいろな人の意見にも耳を傾け、根回しをして……といった手法もあったかもしれませんが、私の考えは説明してもすぐには理解してもらえなかったでしょう。

大改革を断行するときは、説明より結果が大事なときがあるのではないでしょうか。結果を出す前にあれこれ説明しても、疑心暗鬼が募るだけです。それより、結果を出して、「みなさんの努力で業績もよくなった、ボーナスもたくさん出せました」と説明したほうがだんぜん理解しやすいと考えたのです。

２０１８年度までは、それで突っ走ろうと肚をくくっていました。ですから、心の中で「ごめんなさい」とつぶやいて水面下で動きました。３年後の２０１８年度に営業利益率８％が達成できたら誰もが納得するはずだ。そう考えて断行した社内革命でした。

「マル情解体」!?

ＢＵ制は、執行役社長兼ＣＥＯに就任したのと同時に導入しました。社員に告知したのは導入するわずか2カ月前の２０１６年2月で、メディアに公表したのと同じタイミングです。

社内にはこうメッセージを発信しました。一部を紹介します。

新体制への移行の過程では、組織や地域の間で衝突が起こるかもしれません。問題があれば、日立の論理ではなく、お客さま視点で大いに議論してください。そして結論を出したら全員一丸となって、社会やお客さまの課題を解決するイノベーションを創り上げましょう。これは、まさしく日立の創業の精神である「和」そのものであり、日立の歴史を創り上げた先輩方は、このマインドで日立を成長させてきました。

これからの日立の成長を担うのはみなさん1人ひとりです。ぜひ、〝I do〟、〝I will〟の主体的なマインドで取り組み日立グループ一丸となって、マーケットインを徹底し、サービスとプロダクトの両輪で価値あるイノベーションを創り出し、人々のＱＯＬ（Quality Of Life）の向上に貢献していきましょう。

「マル情解体」「ＩＴ精鋭を分散」――。

発表翌日のある新聞の1面には、こんな見出しが躍りました。「マル情」とは、情報・通信システム社の社内での当時の通称です。

〝分割〟には違いありませんが、分割するのは情報・通信システム社だけではないのに、マル情だけが強調されていました。

社内が動揺したのは当然です。社員の一部からは、

「どうしてばらばらにするんだ」

「なぜ、メディアに発表する前に説明してくれなかったのか」

そうした不満の声も聞こえてきました。週刊誌にも「東原体制の不安」などと書かれたりし

ました。

15中計の目標達成が危ぶまれる中での改革でしたから、確かに不安だったと思います。私の頭の中にはこのとき、共通のプラットフォームや自律分散型グローバル経営の推進など、目標達成のためのさまざまなアイデアがありましたが、それを事細かく社員に説明することはしませんでした。

「とにもかくにもBU制を前提に作成した18中計を達成し、結果を見せることがすべてだ」自分自身にそう言い聞かせていました。

縦割りの壁をたたき壊せ

もちろん、発表後は、タウンホールミーティングなどを通じて改革の意図を社員に丁寧に説明しました。トップダウンで制度を導入できても、社員の意識が変わらなければ成果は上がりません。社員1人ひとりが自ら考え、意識を変えていくことを期待していました。

副社長には全員、社長補佐という位置づけで経営をサポートしてもらうことにしました。それぞれ、IoT（Internet of Things）推進や、従来からの管掌事業に従った担当を決めて、M&Aや成長戦略など将来の事業方針を練ってもらうことにしました。

内閣にたとえれば、財務相や外相など省庁のトップである大臣から、無任所の特命相や首相補佐官に横滑りしてもらうような人事です。

こういう人事のとき、全員に100％納得してもらう魔法のような言葉はありません。ただ、内閣のたとえでいうなら、「省庁ではなく、今度は日立の全体を見てください」という動機付けはしたつもりです。

不満もあったと思いますが、これによって社を去ったりした人はいませんでした。CEOの力と責任を実感し、逆に身の引き締まる思いでした。

とにかくこうして、BU制は走り出しました。

BU制の大きな狙いの1つは、社長がすべての現場を把握することだとお話ししました。現場の声を聴いて経営に生かすのです。そのための直轄です。

しかし、日立のような巨大企業でそんなことができるのか、あまりピンとこないかもしれません。何をしたのか具体的に説明しましょう。

まずは、各BUのCEOを全員集めての月1回の状況報告を始めました。名称は「BU長会議」。それまでは社内カンパニーの社長が各事業部門のトップに行っていたヒアリングを、すべて私が担当することにしたのです。実態把握が目的でした。

BU長会議では、

・営業利益率が5％に満たない事業は改善するか、撤退の是非の判断をすること
・赤字プロジェクトの早期収束

・品質向上とロスコスト（損失）の最小限化

この3つを繰り返し指示し、利益が出ない事業があれば、その理由をとことん追及し改善策を探りました。

トラブルを抱えるプロジェクトがあれば、解決策を提案し話し合います。日立には優秀な技術者集団がたくさん存在しますが、縦割りのカンパニー制では、トラブルは社内カンパニーの中で解決するのが常識で、ほかのカンパニーの技術者と協力したり、技術やソリューションについて情報を共有したりすることはありませんでした。私はすべての事業を社長直轄とすることで、そういった縦割りの壁をたたき壊すつもりでした。

広域機関システム開発で問題発生

1つ例をお話ししましょう。エネルギーソリューションBUに公共BUのIT技術者集団を送り込んでトラブルを解決したケースです。

日立は、電力供給の広域機関システムを開発し、電力広域的運営推進機関に納入しています。「広域機関」とも呼ばれますが、東京電力や東北電力など全国にある電力会社の発電所で発電された電力を広域で管理し、必要なときに必要な量の電力を供給する仕組みです。これは、日立が世界で初めて開発したシステムです。

広域機関があることによって、猛烈に暑い日や寒い日に東京電力管内で電力がもし不足したとしても、東北電力や中部電力から電力を融通するようなことが、簡単にできるようになりました。

広域機関システムは大きく2つのサブシステムで構成されています。1つは広域監視システムです。北海道から九州・沖縄まで10の電力会社エリアの需給状況や、その間を連携する基幹送電線の電気の流れを監視します。平時の監視に加え、地震や台風などの自然災害や、電力設備の故障などで需給が逼迫したり停電が発生したりした場合に、電力会社間に広域融通を指示するためにも使われます。

広域監視システムは、コンピューターによってシステムを監視しプロセスを制御するSCADAと呼ばれるOTシステムの一種です。日立が長く携わってきた電力供給制御システムの技術を受け継いでいるエネルギーソリューションBUの得意とする分野です。

もう1つは、2016年の電力小売り自由化にあたり、電力の市場取引を活性化させつつ安定供給を実現するためのまったく新しいサブシステムです。ご存じない方もいるかもしれませんが、電力は株式のように売り買いされています。

また、1日前の取引成立後も、気象などの変化による需給バランスの変化を解消するため、「時間前市場」では実需給（実際の電気の受け渡し）の1時間前まで、追加で電気を売買することができます。日本卸電力取引所（JPEX）では、数百社からなる「新電力」と呼ばれる小売り電気事業者から、30分単位で数千の入札が行われます。

その際、東京地域と中部地域など、地域間連系線をまたぐ取引を成立させるには、広域機関システムにその可否を問い合わせなければいけません。そのため、広域機関システムには、送られてくる数千の地域間連系線の使用可否を即座に判定し、遅滞なく日本卸電力取引所に伝送する機能が含まれています。この機能が日立製です。

また、電気は貯めておくことができません。需要量と供給量が同じときに同じ量になっていなければ電気の品質（周波数）が乱れてしまい、安定して電気を供給できません。そのため、電力自由化を拡大させつつ安定供給を達成するため、新たに「計画値同時同量」という制度が導入されました。

これが守られていることを監視するのも電力広域的運営推進機関の重要な役割です。発電会社の計画、小売り会社の計画、さらに発電と小売りが地域間連系線を介して取引する計画のすべてを広域機関システムに提出し、広域機関システムでは30分単位で数千に及ぶすべての計画の整合性が保たれていることを確認します。

広域機関システムのこれらの機能は、大量かつ複雑な制約のある電力取引に関わる情報を高速で処理する大規模ＩＴシステムの一種で、ＩＴ系の情報制御システムなどを開発してきた日立の情報・通信部門が得意とするところです。

「1BUだけでは対応できない」

広域機関システムは、カンパニー制時代に旧電力システム社が受注し、その後エネルギーソリューションBUが事業を引き継いでいました。しかし、当初の想定よりも電力自由化が拡大し、日本卸電力取引所が要求する大量のデータ処理（連系線利用可否判定）においてシステムに不具合が生じました。

ある日、BU長会議でこのシステム不具合について報告がありました。

「いったい何が原因なの？」

「大量のトランザクション処理が必要なんです」

私は、伝送システムに問題があるな、とすぐにピンと来ました。

電力部門が開発したシステムはきわめて堅牢です。ただ、取引量が想定できない電力の市場取引で大量のトランザクション処理が一度で大量に発生したときに、フレキシブルに対応できるシステムではなかったのです。

「根本的に改善するにはエネルギーソリューションBUの技術者だけでは対応できない。情報部門の専門家の協力が必要だ」

私はそう直感しました。旧情報・通信システム社を分割して作った公共BUには、大規模I

Tシステムに強い技術者集団がいます。彼らをエネルギーソリューションBUに派遣することをその場で即決しました。公共BUとエネルギーソリューションBUの技術者たちは共同で問題解決にあたり、広域機関システムは作り直され、安定稼働することができました。

ちょっと長くなりましたが、要は、BU制では、あるBUのプロジェクトが何かしら課題を抱えたとき、別のBUから応援部隊を派遣して機動的に解決することができるようになったのです。縦割りのカンパニー制ではできなかったことです。

先ほどOTと言いましたが、何かを制御し運用するOT分野は、日立のお家芸とも言えるものです。ほかにも、鉄道の運行管理システムや、パワーグリッド（送配電網）の運用管理システムなどがあります。今後は、OT分野でも大量の情報を処理するIT技術の役割はさらに大きくなっていくと考えられます。鉄道部門やグリッド部門と、IT部門の技術者の協力は不可欠です。その意味で、電力需給の広域機関システムのケースは、ほかのOT分野の事業の改善にも参考にできる成功体験となりました。

BUの壁を越えた協力体制の構築は、言葉を換えると、社内の各所、各技術部門、各技術者に蓄積された技術やソリューションの共有です。これは、次章で詳しく紹介するルマーダの基本的な考え方でもあります。

8%か撤退か

BU制ですべての事業が社長直轄になったといいましたが、これは単にあれこれ口を出したいからではもちろんありません。最大の狙いは、全社の事業やプロジェクトの実態を把握し、不採算事業や将来性に乏しい低収益事業を整理することでした。「稼げる会社」にするためです。

各BUのCEOには、

「営業利益率5%以下の事業について、改善の合理的見込みがなければ撤退するのが原則です」

こう言い渡しました。事業継続するなら営業利益率8%以上をめざす。さもなければ事業撤退。二者択一を迫りました。厳しかったと思います。

こんな例がありました。旧社内カンパニーの電力システム社は、電力のニュービジネスとして「売電ビジネス」に取り組んでいました。先に触れた電力事業の自由化を受け、日立も新規参入したのです。

日立にはタービンやボイラーなどの発電設備の設計・製造技術がありますし、メンテナンスのノウハウと経験も豊富ですから、自由化をチャンスととらえ、売電ビジネスに参入したのだと思います。火力発電所も新たに建設しました。

しかし、電力システム社は利益率が低いままでした。BU制を導入してサイロを壊し、実態を見てみると、その売電ビジネス事業が赤字を垂れ流していたことがわかったのです。

売電ビジネスで競争力を得るには、コストを一定以下に保つため、安価な燃料を長期的・安定的に調達することやリスク管理が必須ですが、日立にはそのノウハウがありませんでした。

売電先との契約も、調べてみると首をかしげざるをえない内容でした。電力価格がほぼ一定となっているのです。燃料費など材料費が変動した場合には、そのぶんすべてを電力価格に反映させるという仕組みが不十分だったのです。

案の定というか、その後燃料費が上がり始めるとたちまち赤字を垂れ流す状況に陥ってしまいました。利益を上げるどころか、発電施設の建設への投資を回収することすらできなかったのです。

土木工事「禁止」

私は電力BUのCEOと議論し、すぐに撤退を決めました。もちろん、契約がありますから、撤退を決めたからといってすぐに事業を終結させられるわけではありません。

その代わりに、個別のプロジェクトごとに、ビジネス環境の変化を先方に説明し、契約内容を変更していただく交渉を進めました。こういうとき大事なのは、だめなら「はいそうですか」ではなく、少しでもロスコストが削減できないか、泥臭く模索することです。

売電ビジネスからの撤退と併せて、土木工事付きのプロジェクトの一括受注も禁止しました。各BUが受注している土木工事付きのプロジェクトの実態を精査したところ、どれもこれもことごとく赤字であることが判明したからです。これも即決です。

私も日立パワーヨーロッパ時代、ドイツで発電所の建設プロジェクトに携わりました。私の経験では、土木工事が入ると売り上げの6割程度は工事費に消えます。しかも日立には土木工事部門がありませんから、100％外注するしかない。土木工事で儲けは出ません。そして残りの4割から、発電設備の設計・製造や設置などのコストを引いた額が利益です。プロジェクトがすべて予定通り進めばよいですが、工程が遅延するとそれだけ工事の人件費はかかり続けます。費用を顧客や外注先とうまく折半できなければ途端に赤字です。つまり、土木工事付きのプロジェクトを受注して売上はどんどん上がったとしても利益が伴わない構造になっていたのです。

しかしなぜ日立は赤字に頓着しない体質になってしまっていたのでしょうか？

日立は110年の歴史がありますが、出発点は工場文化です。根本には「いい製品を作れば売れる」という考えがあります。エンジニアはモノ作りをしたい。それはすばらしいことです。熱意も尊い。しかし、いいものをつくれば売れるはず、というのでは話が違います。

契約を節目節目で見直す、最悪の場合を想定して撤退条件を入れる、などのビジネスとして成立させるというマインドに欠けていたように私は思います。赤字であっても「環境問題に貢献しているのだから」「社会に貢献しているのだから」と逃げ道を作ってはいなかったでしょうか。

「赤字は悪」というマインドがないのは危険です。稼がないとだめです。利益が出なければ、社会に貢献するための事業を展開する次の投資ができません。7873億円の赤字の遠因には、そうした体質があったのだと思います。

淀んだ水は腐る

ここまで、BU制の導入の狙いは、社長がすべての現場を把握し、現場の声を聴いて経営に生かすことであり、全社の事業やプロジェクトの実態を把握し、不採算事業や将来性に乏しい事業を整理することだったとお話ししてきました。その根底には、日立を大企業病から脱却させなければならない、という考えがありました。

「流れる水は腐らず」と言いますが、反対に言うと、淀んだ水は腐ってしまうということです。組織も同じです。組織の硬直化が大企業病の原因です。大企業病から脱却するためには、組織や人の新陳代謝がぜひとも必要だと考えていました。BU制の導入はまさに、組織と人の新陳代謝だったのです。

ところで、BU制のようなハンズオンでの業績管理は、どんな会社でも、また誰が社長であってもうまく機能するかというと、そうではありません。第1章で、私の「知命」は現場を知り尽くしていることだと書きましたが、トップに現場のマネジメント力が足りなければ、逆効果になる危険性もあります。

幅広い分野での現場の経験が長かった私には、毎月のBU長会議で報告を聞いたり、報告書の数字を見たりすれば、現場の状況をある程度想像することができました。報告を聞いていると、

「あ、これはだめだな」

というのが直感でわかってしまうというか、そんなところがあるのです。

現場を歩いてきた人間の妙な習性とでもいうのでしょうか。報告を聞いて私が悪いと直感する事業はたいていうまくいっていませんでした。数字も単に眺めていたのではだめで、ブレイクダウン、ドリルダウンする。小さく細かくしていくと原因が見抜けることが多くあります。「情報・通信系事業のあるプロジェクトの利益率は3％です」と報告されたとします。最終目標を8％にしていたわけですから問題があることは誰にでもわかりますね。ですが、現場を知らないと、どこに問題があるのかまではわかりません。

そういうときは、契約に問題があるか、システム開発の人員の配置に問題があるかのどちら

かです。

情報・通信系の事業の中心はシステム開発で、システム開発の原価の中心はエンジニアの人件費です。したがって、利益が上がらない原因は、契約の際の見通しが甘かったりお客さまとの仕様の合意に齟齬があったりして開発が遅延し、コストがかかりすぎているか、あるいは、社内の人員配置や社外パートナーとの連携が悪くて、うまく開発が進まずにコストがかかってしまったか、どちらかの場合が多いのです。そこで、契約や開発にポイントを絞って聞くと、問題点はすぐクリアになります。

プロジェクトリーダーに求められる資質は、プロジェクトをお客さまと会社の双方にとって価値のあるビジネスとして成立させることです。人は、ともすれば争いごとを避け、相手から褒められたいと願うものです。けれども、コストアップに伴う契約の見直しなど、ときには言いにくいことであっても、臆せず申し出なければいけません。

「先憂後楽」でトラブル回避

肝心なのは、問題を認識しながら先送りにしないことです。早い段階であれば、傷も浅くて済むのですから、問題があるなら早期にお客さまや社内の幹部に伝え、判断を仰ぐべきです。

先憂後楽です。誰だってお客さまとけんかしたくない。初期の段階だったらいくらでも火を消せるのに「言いづらい」。自分が言えないなら上に言えばいいのに「自分で解決する」。結果大変なことになってしまう。

A社に何かのシステムを構築して納入するプロジェクトがあるとしましょう。この場合、すでにあるパッケージをA社仕様にカスタマイズして提供するか、システムを一から設計して提供するか、2通りあります。当然、パッケージ活用のほうが安い。しかし、パッケージの活用にはリスクもあります。たとえば、プロジェクトが進むにつれ、カスタマイズするだけではお客さまの要望に応えられないと判明した場合です。

このとき「せっかく受注させていただいたので、御社向けにシステムを一から作り直します」となるのが最悪のパターンです。受注額はパッケージ活用を前提にした価格のままですから、大赤字です。

ではどうすべきか。パッケージ活用を前提としていても、お客さまの要求を満たすシステムの仕様が確定するまでは、変更があるリスクを考慮して、価格が調整できる契約にしておくのです。「価格調整の項目を契約に入れておきたい」なんて、言いにくいことですね。しかし、お客さまに対してその条件やリスクについて説明を尽くし、合意し、きちんと契約に盛り込んでおけば、あとで大けがをすることはありません。問題が早く顕在化し、お客さまにとっても最終的によい結果となります。

もっとも、こんな初歩的な失敗はほとんどありません。わかりやすくご説明するために極端な例を使いましたが、実際にはもっと複雑で難しい問題が数多くありました。

現場力を生かした経営

話を戻しましょう。「何かおかしいな」「これはだめだな」――私が自分のこうした直感に助けられたことは一度や二度ではありません。

担当者が「新たな事業計画を説明したい」とやってきます。工場の自動化や鉄道、電力系統の制御システムであれば、顧客の要望と予算を聞けば、私にはどのようなシステム構成になるのかすぐに頭に浮かびます。

予算の肌感覚とでもいいましょうか。実際の事業計画が私の頭に浮かんだシステムと合っていればよし、違っていれば黄色信号です。私が予測するより高度なシステムを計画していれば、「こんな予算でできるはずがない」

ということになります。プロジェクトの全体構想と費用割り付け、人件費などの中身を詳しく聞くと、そのまま進めると赤字になったり営業利益が目標に達しなかったりする危険性が高いことがわかるのです。

どれだけ入念に計画していても、初めてのプロジェクトには失敗はつきもので、赤字になることもよくあります。ですから、新規事業の場合は目先の利益ではなく、将来的に大きな利益を生むかどうかの判断が重要です。しかし、現場をよく知っていなければそれを判断することはできません。

前にもお話ししましたが、私は入社以来、電力や鉄道、製造工場などさまざまな分野のプロジェクトの現場マネジメントに関わり、混乱したプロジェクトを立て直したり、赤字の事業を黒字に転換したりしてきました。ドイツでは火力発電システム会社の社長を経験し、日立プラントテクノロジーでは建設工事にも関わりましたから、日立の事業の大半の現場のことがわかります。

BU制の肝はトップがすべての事業・現場の実態を把握し、BU CEOと連携して経営や問題解決をリードすることです。しかし、責任者から報告を受けるだけで、現場で起こっていることや問題の原因が手に取るようにわからなければ難しい。誰もが採用できる制度ではなく、幅広い分野の数多くの現場で仕事をすることで培われる能力と経験が必須です。

普通は、トップは結果で判断します。現場のことは現場に任せ、うまく行かなければ現場のトップを代えます。それが米国のビジネススクールなどが教える合理的な経営なのだと思います。

しかし、私にはそのような経営はできません。良し悪しの問題ではありません。タイプの違いです。現場を知り尽くしている私には、私にしかできない経営があるはずだ。それが社長就任時の原点でしたし、そう考えて導入したのが、社長が事業を直轄するBU制だったのです。

アップデートはいとわない

幸い、ＢＵ制はうまく機能し、各ＢＵはしだいに年度予算を守れるようになりました。稼げる会社にするためには大きな進歩です。

しかし、新たな課題も生じてきました。

先ほど少し触れましたが、ＢＵ制では各ＣＥＯに収支の責任を負わせると同時に投資の権限を持たせました。けれど、いかんせん、ＢＵはいずれも年間売上が２０００億～数千億円規模です。Ｍ＆Ａで事業を成長させようとしても、それぞれの体力に合った相手しか買収できません。売上が小さいと、発想も小さくなる。これでは大きな成長は期待できません。

そこで、ＢＵ制導入２年目の２０１７年度には各ＢＵを電力・エネルギー、産業・流通・水、アーバン、金融・公共・ヘルスケアの４つの注力分野にグループ分けし、各分野のトップを、社長補佐として特命の仕事をしていただいていた副社長のみなさんにお願いしました。担当の変更を経て２０１８年度には電力・エネルギー分野のトップを西野壽一さん、鉄道やビル事業のアーバン分野は小島啓二さん、産業・流通・水分野は青木優和さん、金融・公共・ヘルスケア分野は塩塚啓一さんにお願いしました。

「Ｍ＆Ａでもいい、研究開発の強化でもいい。何を成長のためのドライビングフォース（推進力）にするのか考えてください」とお願いしました。

産業・流通・水分野のトップとなった青木さんは、米国のサルエアーという空気圧縮機（産業用コンプレッサー）の製造販売会社の買収を提案、主導しました。買収額は約1500億円です。米国市場ではコンプレッサーの需要増が見込まれていました。規模の小さなBUでは1000億円規模の買収はなかなか判断できなかったでしょう。産業・流通・水分野の売上規模は約7000億円ありましたから、全体のキャッシュ創出力やシナジー効果まで考えることができれば、GOを出せます。青木さんは、グループ会社の日立産機システムの会長も兼任し、日立の中で長く産業部門で尽力してきた人物です。現場も知り尽くしています。

製造業の生産ラインを構築するため、ロボットの導入をサポートする、米国のロボットシステムインテグレーター企業であるJRオートメーションの買収を主導したのも青木さんです。また、彼には次章で詳しく紹介する「ルマーダ」を活用した事業の拡大にも尽力してもらいました。

電力・エネルギー分野のトップをお願いした西野さんには、進退が難しい状況にあった英国の原子力事業からの撤退と、南アフリカの火力発電プロジェクトをめぐって対立していた三菱重工業との和解に奔走してもらいました。詳しくは第6章でお話しします。

小島さんには、2016年度から次章で紹介するルマーダの推進役を担ってもらっていました。2018年度に副社長に就任した際には鉄道システムやビルシステム事業などのアーバン分野、2019年度には家電事業やオートモティブシステムなどのライフ分野のトップを担当し、ソリューションビジネスの加速に尽力してくれました。

金融・公共・ヘルスケア分野のトップは、情報・通信システム事業に精通する塩塚啓一さん。「ミスターIT」と評され、日立のIT事業を牽引してきた人です。地方銀行のシステムの開発で苦労してきたので、トラブルも山ほど経験している現場の人です。

彼は、BUの大規模プロジェクトを中心に、事業の進行を厳しく管理する「フェーズゲート管理」を強化しました。プロジェクトの進行過程には契約、設計、製造、検査、納品などさまざまなフェーズ（段階）がありますが、フェーズゲートとは、1つのフェーズが適切に完了しているかどうかを判断する基準のことをいいます。

ゲートと名付けたチェックポイントごとにプロジェクトの進捗、損益、リスクなどの状況を点検し、ゲートを通過できなければ、プロジェクトを次の段階に進ませない仕組みです。

フェーズゲート管理で、問題のあるプロジェクトをいったん止めるのは簡単ですが、止めるだけでは問題は解決しません。難しいのは、契約や設計、人財の配置など打開策を明確に指示することです。それには経験が不可欠です。塩塚さんはそこでも力を発揮してくれました。とくにIT事業では、フェーズゲート管理によってトラブルが激減し、ロスコストの大幅な削減に成功しました。2015年度に6・7％だったIT部門の営業利益率は跳ね上がり、5年後の2020年度には約2倍の13・2％になりました。

BUを4つの注力分野にグループ分けしたことはカンパニー制への回帰のように思われるかもしれませんが、そうではありません。BUがしっかり利益を守る。成長戦略は大きな単位でやる。役割分担したのです。つまりは、BU制にカンパニー制のよいところを取り入れたわけです。このやり方は日立に合っています。

ちなみに、BU制、ハンズオンでの業績管理は現場のマネジメント経験がないと難しいと申し上げましたが、それはすでに過去の話です。BU制導入から数年間で、前述したフェーズゲートのようなルールが徹底され、「稼ぐ力」をつけました。今なら、グループやBUに任せ、結果が出せなければグループやBUのトップを交代させるといった経営でもうまくいくはずです。

適所適材こそ難しい

BU制導入には、それまでの事業部長や理事クラスから人選してそれぞれのCEOを任命するなど、大規模な人事を実施しました。人選もすべて自分でやりましたが、その際に原則としたのが「適所適材」です。

「適所適材なんて、そんなこと当たり前ではないか」と言われるかもしれません。ただ、その当たり前がいかに難しいかは、読者のみなさんもよくおわかりだと思います。

多くの経営者はトップに就任すると、考えが近く、馬の合う、親しい人で周囲を固めようとします。側近経営です。あるいは米国では、信頼する腹心を外から連れてきて、主要なポジションに据えることも一般的です。そのため、企業を渡り歩く経営のプロが大勢います。

私はそうした人事には抵抗感を持っていました。側近経営は、トップと親しくない人からしたらおもしろいことではないからです。かつて日立プラントテクノロジーの社長を任命されたときも、日立本社からは誰も連れて行かず単身で乗り込みました。本社から連れてきたスタッフを主要なポストに就けたら、グループ会社のスタッフが愉快なはずはない。はなからやる気を削いでしまいます。

苦言を呈する人や馬の合わない人はあまり寄せ付けたくないのが人の性ですが、私はそれを非常に恐れていました。すり寄ってきて耳あたりのいいことしか言わない人と話しているのは気持ちのいいものです。けれど、そんな人ばかりを集めて周囲を固めてしまえば、裸の王様です。たちまち大企業病に逆戻りです。個人的な感情や年功序列などとは関係なく、必要なポジション（職位）に対して、社内外を問わず必要な能力を持つ人財を登用するのが、適所適材の原則です。ですから、副社長も適所適材で任命しました。適所適材で編成した経営陣のチームワークを築いてオーケストレーション（指揮）するのが社長の務めだと思っていました。

手腕も力量もわかっている親しい人を起用したり出来上がった人間を外から連れてきたりしていては、人財は育ちません。それでは、将来、日立を背負って立つ人が育ちません。

自ら目標を決めて一生懸命努力するような、やる気のある人は必ず成長します。日立に入ってから現場でそういう人を何人も見てきました。私自身もその1人だったと思います。

ただ残念ながら、努力して成長した人が、必ずしも人事で厚遇されるわけではなかったのも事実です。出世の早い人の中には、上手に上司に取り入るヒラメ人間や言い訳上手なだけの人も少なくありません。それも大企業病の1つです。

やる気があって、努力を続ける習慣が身についていて、伸びしろがある。そんな人財を発掘したい。適所適材はそのような私の考えから決めた人事の原則でした。

誤解を恐れずに言えば、私は自分以外を簡単に信じません。正確には、「この人なら、きっとうまくやる」という信じ方はしない。でも、一緒に新しいルールを作ったり、新しい仕掛けに取り組んだりした人は別です。1つの仕事を通じて「こういうルールがいいね。この仕掛けはうまく行くね」とわかり合えているので、信頼して任せられるのです。

社内革命ともいってよいBU制でしたが、幸いにも3年間で果実を得ることができました。2019年3月期の決算で、目標としていた営業利益率8%が達成できたのです。

2016年の18中計公表時に、達成を予測した社員は少なかったと思います。BU制の導入に不満を持つ人も多かったかもしれません。が、目標を達成することができたらわかってもらえると信じて突き進みました。目標を達成できたことで、私は株主のみなさんだけではなく、社員からも一定の信任を得られたのだと思っています。

第3章　ルマーダ始動

What's ルマーダ?

今や、ルマーダは日立の顔です。

そう言っても、何のことかわかりませんね。

実は、一言で表現できないところがルマーダの特長です。

公式には「お客さまのデータから価値を創出し、デジタルイノベーションを加速するための、日立の先進的な技術を活用したソリューション／サービス／テクノロジーの総称」と言っています。これを無理して一言で説明すると、表面的には「日立のDXビジネスのブランド」とも言えるでしょうか。

「プレゼンの神」の異名で幅広く活躍し、日立のルマーダ・イノベーション・エヴァンジェ

■ルマーダの概念

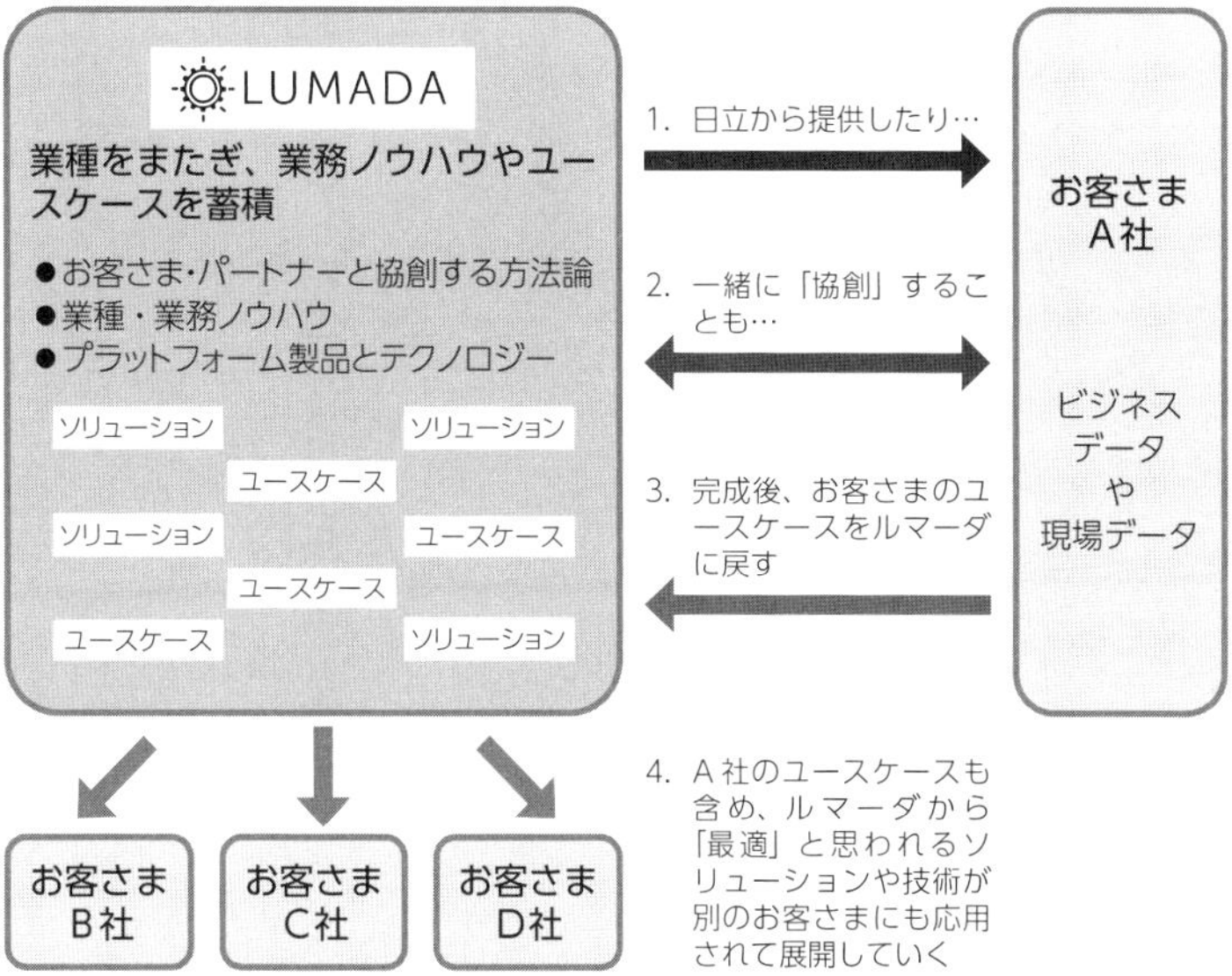

リスト（伝道者）としてもコンセプト説明や情報発信などに携わる澤円さんは、「日立グループ全体が同じ方向を向いて活動するための精神（スピリット）であり旗印」と表現しています。

ルマーダの仕組みや具体的なルマーダ事業については後段に譲るとして、まずは、ルマーダの誕生物語からお話ししましょう。

これまでお話しした通り、社長就任の際、中西さんから「社会イノベーション事業でグローバルカンパニーをめざせ」と託されました。社会イノベーション事業は、中西さんが日立の成長のエンジンとして注力してきた事業でありコンセプトでした。

とはいえ、社会イノベーション事業

といってもそれがどんな事業なのか、当時、社会で共有されている定義のようなものはありませんでした。人によってイメージはかなり違っていたと思います。

そこでひとまず、社会イノベーション事業を「デジタル技術を用いて高度な社会インフラを提供し、社会の利便性を高め人々の生活の質を向上させる事業」と、私なりに定義しました。つまり、鉄道や電力、環境、医療などの社会インフラの分野の企業に、日立のデジタル技術やソリューションを提供して、社会インフラの効率性や利便性などを高めることで、人々の生活の質を向上させるような事業です。今ふうに表現すれば「社会インフラをＤＸする事業」ということになるでしょう。

たとえば、デンマークのコペンハーゲンメトロ向けに開発した運行管理システムがよい例になると思います。

コペンハーゲンメトロには、もともとイタリアの鉄道会社アンサルドブレダが車両を、アンサルドＳＴＳが運行管理システムや24時間自動運転システムなどをそれぞれ納入していました。２０１５年に日立が両社を買収し、保守・運用を受け継ぎました。

デンマークの地下鉄の運行には大きな課題がありました。展示会のような大きなイベントの開催期間中は、駅や車内が非常に混雑する時間帯がある一方で、閑散としてしまう時間帯もある。アップダウンが非常に激しいというのです。

空いている時間帯を基準に運行本数を決めると、混雑時に利用者の利便性が低くなります。

逆に、混雑時を基準にして運行本数を増やすと、乗車率が低くなり利益があがりません。定期運行ではこの課題は解決できませんが、イベントのたびにその規模により集客数を予想し、都度ダイヤを変更するのは大変な手間です。

そこで、日立のＩＴ技術を活用し、駅の各所に人感センサーを設置してリアルタイムで混雑状況を把握し、混雑してきたら運行間隔を短くして、閑散とし始めたら間隔を空けるという新たな運行管理システムを構築し、実証を行いました。デジタル技術を用いて、社会インフラである鉄道会社の課題を解決するソリューションを開発したのです。まさに、私のイメージする典型的な社会イノベーション事業です。

コペンハーゲンメトロは日立という会社ならではの特長を存分に生かせた案件だったと思います。日立は１９５０年代にコンピューター開発に参入し、以来70年以上、ＩＴ技術開発に取り組んできました。旧情報・通信システム社の事業を分割して再編した金融ＢＵや公共ＢＵにはデジタル技術やソリューションが蓄積されています。

また、車両などのプロダクト、つまりモノ作りには創業以来１００年以上の蓄積があり、鉄道ＢＵやビルシステムＢＵをはじめ、製造系のグループ会社などがその技術とノウハウを受け継いでいます。

さらに、運行管理システムは、日立が長くＪＲなどの鉄道会社と一緒に成熟させてきたＯＴです。鉄道だけではありません。発電所での発電量の調整や浄水場でのポンプを使った送水、メーカーの生産ライン……さまざまな産業の現場で、運用・制御に関するＯＴを蓄積してきました。コペンハーゲンメトロの事例も、日立でなければ開発できなかったソリューションだと自負しています。

このように、日立にはＩＴ、ＯＴ、プロダクトのいずれの分野にも長い歴史に培われた高い技術と経験、人財、ソリューションが集積しています。このすべてを併せ持つ会社は世界広しといえども、あまりありません。幅広い事業ポートフォリオを持っているからこそ、社会イノベーション事業を提供できると考えています。

そんな社会イノベーション事業の分野でグローバルカンパニーになるにはどうすればいいのか？　実現させる方法をあれこれ考えているうちに、

「Ｏｎｅ Ｈｉｔａｃｈｉで取り組むことができる体制の構築が必須だ」

という結論に至りました。

コングロマリット・ディスカウント

私が社長に就任した当時の日立では、社内カンパニー制のもとで、各カンパニーとグループ会社が大きな柱となる組織体制となっていました。その功罪は前章で詳述した通りです。各カンパニーがしのぎを削って切磋琢磨する合理的な体制が構築された反面、強固な縦割りで組織が硬直化してしまい、各カンパニーを横断して情報交換したり協力し合ったりする〝回路〟はありませんでした。各部門には高い技術力があるにもかかわらず、事業ごとにバラバラで、技術やノウハウ、経験やデータが社内で共有されていませんでした。

数十年前ならそれでもよかったのです。IT革命以前の世界であれば、電力と鉄道、あるいは電力と情報通信といった異なる事業分野の間に共通する技術やシステム、ノウハウはそれほど多くはなかったからです。

しかし、現在ではITと無縁の事業などありません。前章でご紹介したように、情報通信分野で蓄積された技術やノウハウが電力需給システムの高度化に活用できるといった事例は、数えきれないくらいあるのです。

せっかく多種多様な事業を抱えながら、事業同士の相乗効果が生まれない。日立の企業価値が、各事業の事業価値を足し合わせた額より小さくなってしまう。つまりコングロマリット・ディスカウントの状況に陥っていました。

実際、投資家からは、

「日立はいったい何の会社なのかよくわからない」

「事業の選択と集中をもっと加速すべきだ」

といった指摘を受け、挙げ句の果てには、

「日立のコングロマリット・ディスカウントは最悪の状況だ」

とさんざんな言われようでした。

株を買っていただくために、日立の経営を投資家に理解してもらうことは非常に重要です。日立の発行株式の40％以上は海外の機関投資家が保有しています。決算の発表後などには、社長や役員が分担して欧州、米国、アジアそれぞれで15社前後の投資家を訪ね歩いて、日立の経営方針や事業について説明し、議論を交わします。私が「日立のコングロマリット・ディスカウントは最悪だ」と厳しく指摘されたのは、社長に就任後、ある機関投資家を訪問したときのことでした。

くやしいではありませんか。各事業の価値の総和を全体の価値が上回る「コングロマリット・プレミアム」に逆転させる。いや、させなければ。世界で戦い、勝てる企業になる。日立ならそれはできると思いました。なんといってもＩＴ、ＯＴ、プロダクトの３つの武器を併せ持っているのですから。

そのためには、日立の武器であり資産でもあると言える、各事業、部門に蓄積されている人財、技術、ノウハウ、経験、データを社内で共有し、誰もが活用できるプラットフォームが必要でした。さらに、それまでカンパニー制でしのぎを削ってきたように個々の事業がばらばらに成長するのではなく、さまざまな事業を組み合わせて「Ｏｎｅ　Ｈｉｔａｃｈｉ」で顧客に新たな価値を提供していくためにも、共通のプラットフォームがぜひとも必要でした。

最初は誤解された

話が少しそれますが、私の頭の中にはかねて「自律分散型グローバル経営」というアイデアがありました。

日立はグローバル企業です。日本だけでなく、北米、欧州、中国、ASEAN・インド地域などを中心に事業展開しています。社員数は２０２２年12月末現在で全世界に約35万人。国内で約15万人、海外で約20万人が働いています。社長に就任した当時は国内約20万人、海外約12万人の計約32万人でした。

グローバル経営は今や世界の常識ですが、リスクもあります。世界の各拠点が互いに依存しすぎると、自然災害や紛争などで地域情勢が短期間で劇的に変化した場合、共倒れとなってしまうリスクです。

たとえば、安価だからといって資材調達や製造を特定の地域に集約させてしまうと、一時的に効率化できたとしても、その地域で災害や紛争が起こったり通商摩擦が起こったりした際に、その地域からの流通が止まり、サプライチェーンが分断されてしまいます。ビジネスは瞬く間にストップします。

グローバル経営を推し進めるには、各地域は依存し合うことなく自律して分散していなければならない……というのが私の基本的な考えでした。自律分散型グローバル経営の理念はあとに詳述しますが、それは私が長く関わってきた鉄道の運行管理システムから着想を得たアイデアです。

社長就任後、私は自律分散型グローバル経営の具体的な構想を社内外に公表しました。ところが、思いもよらぬことが起きました。

社長が「自律分散型」だと言ったのですから当たり前なのですが、さあ自律分散だということで、米国やアジアなどの拠点がそれぞれ独自の取り組みを始めてしまったのです。中には似たようなプロジェクトが重複するケースもありました。

「これは言葉が先行してしまったかもしれない。失敗したな」

勝手各様に動かれたのでは、非効率きわまりません。このままだと、別の地域ですでに開発したことのあるシステムやサービスを、一から開発するといったことも起こりかねません。

社内カンパニー制などかつての組織構成でも、同じようなことが起こっていました。たとえば、鉄道の運行管理とモノ作りの現場はまったく共通点がないように思われますが、実は、鉄道のダイヤ管理とモノ作りの生産計画で、同じようなシステムが使えたりすることは結構あります。しかし、縦割り文化で情報が共有されず、似たようなシステムを別々に開発するなんてケースがよくあったのです。

そのため、自律分散型グローバル経営の旗を振るのをいったんやめて、まずは共通のプラットフォームを開発することにしました。日立全体の技術やノウハウ、データ、経験、ソリューションなどのリソースを1カ所に集積して、誰もが活用できるプラットフォームを作ろうじゃないか。

2015年4月に、「共生自律分散推進本部」を設置し、トップには若い熊﨑裕之さんを迎え、具体的な構想は任せました。私が指示したのは、とにかくみんながバラバラなことをしないように、業務のノウハウを共通のプラットフォームに集積して統合することです。

自律分散型グローバル経営の発表で最初に少し〝しくじり〟があったからこそ、共通プラットフォームの必要性を痛感した、と言えるかもしれません。これがルマーダの誕生につながっていきます。

日立のショールーム

実を言うと、私には、社長就任前に温めていたアイデアがもう1つありました。

日立のショールームを作ることです。

社内カンパニー制のところでもお話ししましたが、日立のような複合企業には、どんな会社なのか、何をしている会社なのか、よくわからないという側面があります。とくに日立の場合、一般消費者の方々の目に触れるのは、冷蔵庫や掃除機などの家電製品とエレベーターぐらいでしょう。

「この木なんの木……」のＣＭソングや、大阪・通天閣の巨大広告は知っていても、日立が手掛ける広範な事業のことは事業関係者以外のみなさんにはほとんど知られていません。

日立が何をしている会社なのかよくわからないのは一般消費者に限ったことではありません。日立のお客さまにしても、仕事と関係する日立の製品やサービスについてはよく知っていても、日立の別の事業部門にどんな製品やサービスがあるのかそれほど知りません、というのが普通です。

日立の社員であっても似たようなものです。日立では事業分野間での異動はほとんどありませんでした。自分が担当する事業分野以外の部署でどんな製品やサービスを開発しているのか、詳しく知っている社員は多くありません。

そこで思いついたのがショールームです。日立のサービスやプロダクトが一覧できるショールームです。といっても、別にガラスケースに展示するわけではありません。ウェブサイト上のバーチャルなショールームです。

「いいサービスやいいプロダクトがあったら、『これは、うちのカンパニーでも活用できるな』『うちの国でも売れるな』という形にすれば、営業はすごく便利なんじゃないか」

そんなアイデアでした。

私は当時から、デジタル技術の進展に伴って、これからのビジネスには業界の壁はなくなっていくと考えていました。つまり、ビジネスはＩＴ部門だ、鉄道分野だ、電力だと産業別にくくるのではなくて、顧客の要望に添って、いろいろな製品、いろいろなサービスをショールームからぱっぱっと取ってきて、くっつけて、どうですかと提案できる形が理想だろうということです。共通の武器の置き場所、と言ってもいいかもしれません。

複雑な鉄道ダイヤの編成を最適化する日立の技術にＡＩを組み合わせて、工場の効率化に悩むお客さまの生産計画や要員配置を自動立案できるようにした、といった事例が実際に生まれているのです。

ドイツから帰国したタイミングで、私は、執行役の集まりでショールーム構想を提案しました。しかし、そのとき日の目を見ることはありませんでした。社内カンパニー制で、カンパニー同士を競わせていた当時の日立の体制では、賛同を得られなかったのは当然だったと今では思います。

それぞれのカンパニーにそれぞれの営業部隊がありますから、「うちのカンパニーの武器をほかが使える？　そのどこにメリットがあるんだ？」「ただ単に、他を利するだけじゃないか」というのが大半の執行役の考えでした。

私が熊﨑さんに構築を指示した「共通のプラットフォーム」は、このショールームのアイデアを発展させたものです。つまり、Ｏｎｅ　Ｈｉｔａｃｈｉで社会イノベーション事業に取り組むために必要な共通プラットフォーム、自律分散型グローバル経営の実現のために必要な共通プラットフォーム、産業分野の垣根を越えたビジネスを展開していくために必要なショールーム、これらの必要を一気に解決するために開発したのが、当時はまだその名前はありませんでしたが、ルマーダだったのです。

ルマーダ誕生

2016年4月、BU制のもとでサービス&プラットフォームBUを設置しました。熊崎さんにお願いしていた共通のプラットフォーム構築作業はこのBUで引き継いでもらい、CEOを研究開発グループ長だった小島啓二さん（現・日立製作所 執行役社長兼CEO）に任せました。熊崎さんも同BU内の情報プラットフォーム統括本部長に就き、万全の布陣を整えました。

そして、5月10日、共通のプラットフォームを「ルマーダ」と名付け、米シリコンバレーにあるサンタクララコンベンションセンターで発表しました。

ルマーダ（Lumada）は英語で照らす・輝かせるという意味の Illuminate と Data を組み合わせた造語です。「データに光を当て輝かせることで新たな知見を引き出し、経営課題の解決や事業の成長に貢献する」という願いを込めて命名しました。

当時のルマーダは、「ITとOTの融合により、IoT関連ソリューションの開発と容易なカスタマイズを可能とするＩｏＴプラットフォーム」という位置づけです。まあ、実のところは、ビッグデータの分析基盤や処理・表示機能、ＡＩの一部の機能くらいしか入っていませんでした。

「中身もないのに、コンセプトだけ売るのか」なんて揶揄されたりもしましたが、そもそもルマーダを何か1つのモノ、製品として売っていくつもりもなかったのです。日立が注力するのはあくまで社会イノベーション事業。お客さまや社会の課題解決です。日立はルマーダを軸として社会イノベーション事業をグローバルに展開していくという決意を、ＣＥＯ就任から間もないタイミングで世界に示しました。

詳しくは後ほど説明しますが、現在のルマーダは、日立の各部門がこれまで蓄積してきたＩＴやＯＴなどのテクノロジーに加え、それを活用してお客さまと新たなソリューションを創るための「顧客協創」の方法論、そして協創を通じて創出・パッケージ化されたさまざまなソリューションやユースケース（顧客事例）など、すべてを包含したコンセプト・事業として位置づけられています。

ルマーダの活用法はさまざまですが、日立の営業担当社員の業務も便利になったと思います。ルマーダのポータルサイトで「事業分野」や「課題」を検索するだけで、ＢＵの垣根を越えて「過去にはこんな案件がありました」とか「日立のこんな技術でその課題が解決できそうです」といった一覧がずらっと表示されます。担当者もわかりますから、課題解決提案がきわめて迅速にできますし、内容もよいものになる。お客さまからすれば、どんなBUのどんな担当者と話をしても、オール日立のノウハウや技術をあまねく使えるということです。

ジェノバの足が一変した

といっても、イメージしにくいと思いますから、まずは、ルマーダによる課題解決事例をいくつか紹介します。

まずは、イタリアのジェノバ市でのスマートモビリティの取り組みです。ジェノバでは2022年5月から公共交通とカーシェアなどの民営交通を含む、都市全体の交通網や交通関連サービスをハンズフリーで利用できるサービスの実証実験が始まりました。

ハンズフリーとは読んで字のごとくで、改札でICカードをピッとタッチしたり、スマホのQRコードをかざしたりする必要がありません。朝、「GoGoGe」というアプリを起動さえすれば、ポケットに手を入れたままでOKです。バスでもカーシェアやバイクシェアでも使えます。その日の終わりに、いくらかかったか集計され決済されておしまい。1回使うと、もうもとには戻れないんじゃないかというくらい、便利です。しかも経路検索したり混雑状況を調べたりもできます。

話のきっかけはコロナ禍です。ジェノバもいったん都市封鎖されましたが、その後、人々の動きが回復するようになると、市民は公共交通機関を避け、自家用車を利用するようになりました。市内の主要道路では大渋滞が日常化し、バスや列車の定時運行に支障をきたす事態になっていたのです。

「危機的状況です。なんとか力を貸してくれませんか」

ジェノバ市長からそう相談を受け、日立がスマートモビリティソリューションを導入することになったのです。

実証実験にあたり、活躍したのがルマーダに蓄積されていたノウハウです。ハンズフリーで乗り降りできるスマートチケッティング。交通渋滞をリアルタイムに把握し最適な交通手段を提示するフローマネジメント。ほかにも、人の流れをバーチャルにシミュレーションするデジタルツイン技術などを組み合わせて、ジェノバ市に提供されました。

バス（663台）、バス停（2500カ所）、地下鉄（年間利用者数1500万人）、ケーブルカー（2基）、登山鉄道（1路線）、公共エレベーター（10基）、郊外バス（2路線、全長50㎞）……実証実験にあたり、ジェノバ市内には膨大な数のブルートゥース（無線）センサーが設置されました。

ちなみに、日立が提供した技術は、単に便利になるだけでなく、自家用車への依存を減らすため、渋滞緩和や温室効果ガス・排気ガス削減を促すおまけも付いています。

そしてもちろんこのサービスも、ルマーダソリューションとしてラインアップされています。

企業秘密をルマーダに

ルマーダはたくさんのお客さま事例を取り揃えていますが、中には、日立の大みか事業所（大みか工場の現在の名称）をモデルにした〝自前〟のものもあります。

現在、大みか事業所は電力、鉄道、上下水道など社会インフラの情報制御システムを提供しています。制御用のソフトウェアと制御盤と呼ばれるハードウェアと組み合わせて開発するわけですが、ハードウェアは一品一様。多品種少量生産に強みがありますが、効率化の面では限界がありました。ＩＴも活用してきたものの、生産計画や設計工程、製造工程といった各レベルでの効率化にとどまっていたからです。

限界を打ち破るため、大みか事業所では、全体最適を図る「高効率生産モデル」を構築しました。ＩｏＴを利用して各工程の情報を収集することで工場を見える化し、収集した情報から課題を抽出・分析し、対策を講じる「循環システム」による高効率化です。これにより、工場で生産する製品の受注から納品までのリードタイムを50％短縮。大みか事業所は２０２０年に世界経済フォーラムが選定する世界の先進工場「Lighthouse」に選出されました。日本企業の工場としては初めてのことです。

話はここからです。世界の先進工場に選出されるような生産モデルは、普通なら企業秘密にして独り占めしておきたいものです。が、日立はそうしませんでした。この生産モデルをルマーダに取り込み、他社にも提供することにしたのです。Lighthouse選出にあたっては、この点も評価されました。

大みか事業所内にある部品や作業指示書にはRFID（非接触）タグがついており、生産ラインに設置したRFIDリーダーで読み取ります。当時部品などにつけたタグは約8万枚、設置したリーダーは約450台にのぼります。作業員が行うすべての作業の進捗も、モノの流れの情報も、きめ細かく収集することで、生産現場全体の人とモノの動態をリアルタイムに俯瞰できます。

さらに工程管理システムや生産管理システムなど既存システムが蓄積する情報を共有することで、管理者の判断の精度により生じていた生産性のムラが均質化し、作業計画を最適化することができます。

高効率生産モデルではさらに一歩進んで、課題の抽出・分析も行います。生産現場をカメラで常時撮影し、問題のある作業の映像を抽出することが可能で、映像をもとに原因を分析し、結果を現場にフィードバックすることで対策を講じることができます。「見える化」「分析」「対策」の循環システムで、リードタイムを半分にする高効率化が実現できるのです。

ルマーダはどんどん広がる

日立が大切にしているのは、顧客との「協創」です。不確実性の時代にあって、お客さまも市場競争力を高めるために、日夜悩まれています。そもそも何が課題なのかがわかっていることのほうが少ないのです。課題がわかっても、すでに世の中に存在するシステムやサービスで解決できないことも多いでしょう。そのため、日立は顧客に既存のソリューションを提供するだけではなく、ルマーダに集積されている日立の技術やユースケース、プロダクトと、パートナー企業の技術やデータなどを融合させたり、パートナー企業とチームを作って新たなビジネスやサービスを開発したりするのです。

お客さまとの議論を通じて課題を特定し、それを解決するためにルマーダとお客さまの持つOTやITの技術やデータをつなぐ。アイデアを具現化し、新たなソリューションやビジネスが生まれます。それを日立では「顧客協創」と呼び、その推進プロセス・手順や議論を行う空間までを含めた方法論を「NEXPERIENCE（ネクスペリエンス）」と名付けました。

顧客協創によって生み出されたソリューションやノウハウはルマーダに蓄積されます。つまり、顧客協創によりルマーダは拡張されていくのです。

顧客協創の事例もいくつかお話ししましょう。1つ目はダイセルとの協創です。

ダイセルが手掛けるエアバッグの基幹部品、インフレータの製造工程で、日立の技術を用いた画像解析システムを開発しました。このシステムは、両社のノウハウを持ち寄り、共同実証実験を通じて実用化されました。

具体的には、カメラを用いて作業員の手やひじ、肩などの関節位置情報を収集し、標準動作モデルの動きと統計的に比較、逸脱動作を判定します。

逸脱動作を早期に検知し管理者に知らせることで、製品の不備や不具合を未然に防げます。同じように、設備や材料についても、基準となる画像との違いを分析し、異常の予兆を検知・通報します。システムの導入により、品質や作業効率のさらなる向上に貢献しています。

実証実験はダイセルの播磨工場で実施し、システムの実用化後、播磨工場に導入されたのを皮切りに、中国をはじめ海外の工場でも順次導入されていきました。

この画像解析システムは、ダイセルの同意をいただきルマーダのソリューションとして提供していますが、その後想像もしなかった展開を見せました。その1つがダイキン工業との協創です。

ご存じの通り、ダイキンは空調機器のリーディングカンパニーで、その高い技術力で有名です。ダイキンの技術の根幹を支えているのは、機械化できない領域での職人技です。

空調機の内部には冷媒が通る銅管がびっしりと詰まっています。熱に弱い銅管を接合するには、銅より融点の低い合金（ろう）を溶かして隙間に流し込む「ろう付け」と呼ばれる職人技が必須で、これが製品品質を左右します。

ろう付けは、簡単に習得できる技術ではなく、わずか数名の匠が世界中の工場を飛び回って技能教育を実施していました。そのため、「技能伝承が効率的に進まない」というお話でした。

ダイキンと日立は、ダイセルと日立が磨き上げた画像解析システムをベースに、熟練者と訓練者の技能の違いを、人、設備、材料、（作業）方法の4つの観点から定量的に評価できる「ろう付け技能訓練支援システム」を開発しました。

ろう付け職人の手の動きやトーチ（ガスによる加熱器具）の角度、ろう材と部材の供給角度などを各種カメラで時系列に収集・デジタル化し、訓練者の作業との違いをパソコン画面上でバーチャルに比較表示できるシステムです。これにより、迅速かつ効率的な技能伝承が実現しました。

実は、ダイキンとの協創は、ダイセルからの紹介がきっかけでした。ルマーダの理想は、ルマーダによって日立とパートナー企業、パートナー企業同士の技術がつながり、新たな技術やソリューションを生み出すことです。ダイセルとダイキンのように、1つの協創をきっかけに新たな協創が生まれ、ビジネスが広がっていくのがルマーダのおもしろいところです。

今までお話ししたジェノバ市、ダイセル、ダイキン、それぞれの事例が「日立と、こんなことができるんだ」という「ユースケース」です。2016年5月に産声を上げたルマーダは、今では製造、電気・ガス・水道、金融・保険、運輸、卸売・小売、公務・教育、情報通信、不動産・建設、医療・福祉、サービス、農林・水産・鉱業の分野で、マーケティング、生産性向上、品質向上、製造現場支援、設備管理、商品管理……など目的別に計1000件を超えるユースケースが蓄積されています。ルマーダのポータルサイトでは、業種・目的別にルマーダに蓄積されているソリューションを誰でも閲覧することができます。

WIN-WINのビジネス

ルマーダによって、お客さまへサービスを提供するスピードは格段に速くなりました。たとえば日立が得意とする銀行システムや工場管理システムなど、システムを設計・構築・導入する事業をSI（System Integration）ビジネスと呼びますが、従来のSIビジネスでは顧客の要望を詳しく聞いてからシステムを設計・構築する一品一様の製品を納入していたため、スピードには限界がありました。

しかし、ルマーダではさまざまソリューションをパッケージ化して集積しています。袋に入って並べられたシステムの中から、顧客の要望に近いのはこれとこれだな、という感じで抽出し、あとは要望に沿ってカスタマイズして提供すればよいのです。システムを一からデザインして構築する必要がなくなり、受注から納品までの時間を大幅に短縮することができます。

もちろん、日立を横断した技術やソリューションを組み合わせた提案ですので、内容も自信を持てるものです。

さらに、一品一様スタイルに比べて、価格も安く提供できます。なんといっても開発費がずいぶん抑えられますから。

もちろん、お客さまと協創したソリューションを、ルマーダとして横展開していくためには、契約を含めて入念に詰めておく必要があります。従来、システムの知的財産（ＩＰ）権は顧客に譲渡される決まりでした。他方、ルマーダ事業では、構築したシステムは顧客に提供したのち、袋詰めしてルマーダのショーケースに戻すので、ＩＰ権は日立が保有します。

ただし、お客さまの競争力の源泉であるデータはあくまでお客さまのもので、日立が横展開するのはあくまで「仕組み」の部分だけです。協創を通じてお客さまは課題を明確化し、解決することができる。日立はパッケージ化したソリューションを何度も繰り返し活用でき、資産回転率も高まる。まさにＷＩＮ－ＷＩＮのビジネスです。

日立の中でルマーダの中心となるのはサービス＆プラットフォームＢＵですが、ほかのＢＵやグループ会社にもルマーダ事業をリードするチーフ・ルマーダ・ビジネス・オフィサーという役職を配置し、各分野でのルマーダ事業を拡大させています。年に数回会議を開き、情報を交換し横の連携も深めています。

ルマーダも当初は知名度がありませんでしたから、パートナー企業や日立の社員に知ってもらうために、社内外の集まりでは乾杯の音頭を「レッツ・ルマーダ！」にしていました。また、います。

２０１７年には社内にルマーダ大賞を創設し、ルマーダから生まれた新規ビジネスを表彰しています。

ルマーダ事業を開始してから5年目の２０２０年度は、ルマーダ事業全体の売上が約１兆１００億円でしたが、２０２２年度は2兆円近くにまで成長し、日立グループ全体の売上の20％近くに及ぶ見通しです。２０２４年度には日立グループの売上目標10兆円の30％に迫る売上2兆７０００億円を目標にしています。

残念なことに、社会イノベーション事業を私に託した中西さんは２０２１年、鬼籍に入られました。もう報告することはできませんが、日立グループ売上の30％と知ったら「やるじゃねえか」と褒めてくれたはずだと思います。

第4章　日立のＤＮＡ

明治のベンチャー企業

日立は「優れた自主技術・製品の開発を通じて社会に貢献する」ことを企業理念に掲げています。この理念は、創業の時代から綿々と受け継がれてきた日立のＤＮＡです。

日立は１９１０年、茨城県日立市で創業しました。日本の重工業の勃興期で、電力が急速に普及し始めた時代でした。

創業者の小平浪平は東京帝国大学工科大学電気工学科出身のエンジニアで、日露戦争が終結する１９０５年に東京電燈に入社し、発電所の建設に携わりました。東京電燈は日本初の電力会社です。そして、「鉱山王」の異名をとった久原房之助に請われて１９０６年に日立鉱山に入社し、工作課長となりました。

当時使われていた電気機械の大半は、輸入品か、あるいは外国企業の図面をもとに製作された機械でした。小平は「自らの力で電気機械を製作したい。それでなくては日本の産業発展の本当の目的は達せられない」という強い使命感に燃え、国産モーターの開発に乗り出します。そして1910年、小平と志を同じくする数人の仲間で作った5馬力のモーターが完成しました。

日立はこの5馬力のモーターが生まれ、また小さな修理工場から移転し工作課としての事務所と工場を構えた1910年を、創業の年としています。その後、1920年に小平は日立鉱山から独立して日立製作所を法人として設立します。創業の礎となった5馬力モーターは後述する日立の企業ミュージアム「日立オリジンパーク」（茨城県日立市大みか町）に展示しています。2023年には、「現存する最古の国産モーター」として重要文化財に指定されることとなりました。

モーター開発当時、小平は36歳。仲間も大学や専門学校を卒業したばかりの若者たちでした。日立のルーツは、大志を抱いた若いエンジニアが起業した、今でいうベンチャー企業だったのです。

5馬力モーターは銅鉱山の掘削機械などに使うモーターでした。それを皮切りに小平らは、鉱山で使う電力をまかなうための水力発電用発電機や、鉱石・資材運搬用の電気機関車などを自作しました。

日立鉱山発電所の技術者たち

日立の理念の源となったのは、小平ら若いエンジニアたちの「自主技術で国産品を開発する」という熱い思いでした。今日でも、エネルギー関連事業も鉄道関連事業も日立の基幹事業で、それらは創業者が手掛けた製品や技術の延長線上にあります。

IT・OT・プロダクトの礎

今日の日立は、多岐にわたる事業を複合的に展開する企業グループです。主な分野だけでも、電力・エネルギー、鉄道、産業機器、家電、情報・通信などの分野で事業展開しています。創業以来、研究開発に心血を注ぎ、足らざるものは企業買収で補い、多岐にわたる分野に挑戦し続けてきた結果だと言えます。

電力事業では創業直後の1910年代に早くも日立鉱山における水力発電所の建設に関わり、変圧器も開発しています。火力発電では1930年代に蒸気タービンを製造し、戦後は国内外の多くの火力発電所で日立の蒸気タービンや発電機が稼働しています。

1950年代には原子力発電の研究開発に参入し、日本原子力研究所に原子炉を納入しました。以降、中国電力や東京電力、北陸電力などに原子炉を納めてきました。今日の送配電システムや広域機関システムをはじめ、日本の電力供給に重要な役割を果たしました。

鉄道分野では、やはり創業直後に電気機関車を製造し、1920年代には蒸気機関車、1930年代にはディーゼル機関車を製造しました。そして、戦後の60年代には新幹線の車両やモノレールの車両を開発・製造し、70年代にはリニアモーターカーの車両の開発に参画しました。今世紀に入ると英国に高速鉄道車両を納入しています。

民生用の家電事業は、1910年代に扇風機の試作品の開発を開始し、20年代に量産化に成功したことから始まります。30年代には電気冷蔵庫を開発、戦後の50年代には電気洗濯機やエアコン、電気掃除機の製造を開始しました。

情報・通信の分野にも戦前から参入しています。1930年代には電話の自動交換機器を完成させました。1950年代にはコンピューター開発に着手し、1960年代以降、次々と大型コンピューターを開発してきました。

コンピューター技術を応用したさまざまなオンラインシステムや工場や発電所、交通システムなどの自動化の基盤技術となる制御システムの開発にも参入し、1950年代後半から国鉄の座席予約システムの開発に携わり、１９６０年代後半には銀行オンラインシステムを開発・納入しました。また、１９７０年代には新幹線の運行管理システム（ＣＯＭＴＲＡＣ）、１９８０年代には原子力発電所の中央監視制御システム、１９９０年代には上下水道監視制御システム、ＪＲ東日本と共同で東京圏輸送管理システム（ＡＴＯＳ）を開発しました。こうした技術と経験の蓄積が、今日のルマーダ事業に発展しました。

その他、書き始めたらきりがありませんが、産業機器ではクレーンやポンプ、冷凍庫、産業用ロボットなどのプロダクトを開発・製造してきました。１９６８年に竣工し、高度成長のシンボルの１つとなった霞が関ビルディングに高層ビル用エレベーターを納入したのも日立です。霞が関ビルディングは日本初の超高層ビルです。

世界の日立へ

日立の海外展開の歴史にも簡単に触れておきます。

１９２６年、日立は米国に扇風機30台を輸出します。これが、日立製品の輸出第1号でした。１９２９年には、英領マラヤのズングン鉱山に蒸気機関車12両を輸出、翌１９３０年にはソビエト連邦に電動機や変圧器を輸出しました。ソビエト連邦への輸出が、日立が商社などを介さず、直接輸出した最初の事例です。

創業者の小平は、自ら設計し製造した製品を自らの手によって販売することを理想としていました。草創期から「日立の競争相手は米ＧＥ（ゼネラル・エレクトリック）やウェスチングハウス・エレクトリックで、有力外国電機メーカーは輸出に商社は使っていない」と語っていました。日立の海外展開はその「直販の精神」を受け継いでいます。

１９３５年にはインドのボンベイ（現・ムンバイ）に初の海外拠点となるボンベイ出張所を開設。１９３７年には中国の上海と天津に、１９３９年にブラジルのリオデジャネイロにも出張所を開設しました。１９４０年代には、ブラジルのマカブ発電所に機械設備一式を輸出しました。土木工事は竹中工務店、導水路は川崎重工業が請け負う、今日で言うターンキー（一括請負）で、これが日本初の重電プラントの輸出でした。

戦前の輸出品は発電機や排水ポンプ、クレーンなどに拡大し、輸出先もフィリピン、中国、インド、オランダ、カナダ、メキシコなどへと広がっていきました。

戦時統制のため１９４３年に輸出は中断を余儀なくされ、同年に輸出部も廃止されましたが、敗戦翌年の１９４６年には中国に貨車を輸出するなど、戦後すぐに輸出業務を再開しました。１９４７年にはソ連に電気機関車、インドに織機用モーターなどを、１９４８年にはインドに電話機、韓国に変圧器などを輸出しています。

１９５２年には戦後初の海外拠点となる台北連絡所を開設しました。１９５４年にはインド、ブラジル、アルゼンチンに、１９５６年にはニューヨークに駐在所を開設、その後、さらに東南アジアのバンコク、中米のメキシコ、カラカス、アフリカのカイロ、欧州のチューリッヒへと駐在網を拡大していきます。また、1959年には、初の海外グループ会社となる日立ニューヨークを設立しています。

さらに、1969年に台湾に米国向けのテレビや音響製品の組み立て工場「台湾日立電視工業」を設立したのを皮切りに、1970年代にはタイ、シンガポール、マレーシアなどの東南アジア諸国に、海外向け家電製品や半導体の生産拠点を設立し、その後、米国、欧州、中国にも生産拠点を展開していきました。

このようにして、日立は徐々に海外展開の基盤を確立していきました。そして、1980年には米・フォーチュン誌の世界電機メーカーランキングで5位にランクされ、1982年から2012年まで米国ニューヨーク証券取引所に株式を上場するなど、今でいうグローバル企業への歩みを進めていきました。1995年度末時点では、初めて海外売上が2兆円を超し、海外グループ会社の数が253、海外社員数も5万人を超える規模に成長しています。

100日プラン

何度も触れてきた通り、日立は2008年度の決算で7873億円もの赤字を計上してしまいました。関東大震災や第2次世界大戦の際にも危機を経験してきましたが、この赤字はそれ以来の未曾有の危機でした。

世の中では日立は「沈む巨艦」と揶揄され、社員の多くはその形容に慣れてしまい、社内にはあきらめムードが漂っていました。

そこから、経営を立て直し、業績をV字回復させたのが川村隆さんと中西宏明さんでした。

2009年4月に会長兼社長に就任した川村さんは「100日プラン」を策定し、事業構造改革とガバナンス・財務改革を断行しました。めざしたのは、事業の選択と集中、公募増資による財務体質の改善、各事業のもたれ合い体質の改革、そして、次世代事業を社内外に示すことでした。

事業構造改革とは、巨大艦隊の各事業を検証整理して有望な事業に注力し、そうでない事業からは撤退することです。川村さんが最初に断行したのは、日立情報システムズ（現・日立システムズ）など、上場子会社5社の完全子会社化でした。次世代事業と定めた社会イノベーション事業に傾注するため、その基盤技術となるOTやITの技術力を持ったグループ会社を完全子会社化し一体運営を強化することで、各社の事業重複などの非効率を解消するとともに、子会社の利益を100％取り込んで財務体質を改善するという一挙両得の改革でした。

川村さんは社長就任119日目に、上場子会社5社にTOB（株式公開買い付け）を実施する計画を公表し、日立情報システムズ、日立ソフトウェアエンジニアリング、日立システムアンドサービス、日立プラントテクノロジー、日立マクセルの5社を完全子会社化しました。費

■ 40年の業績推移

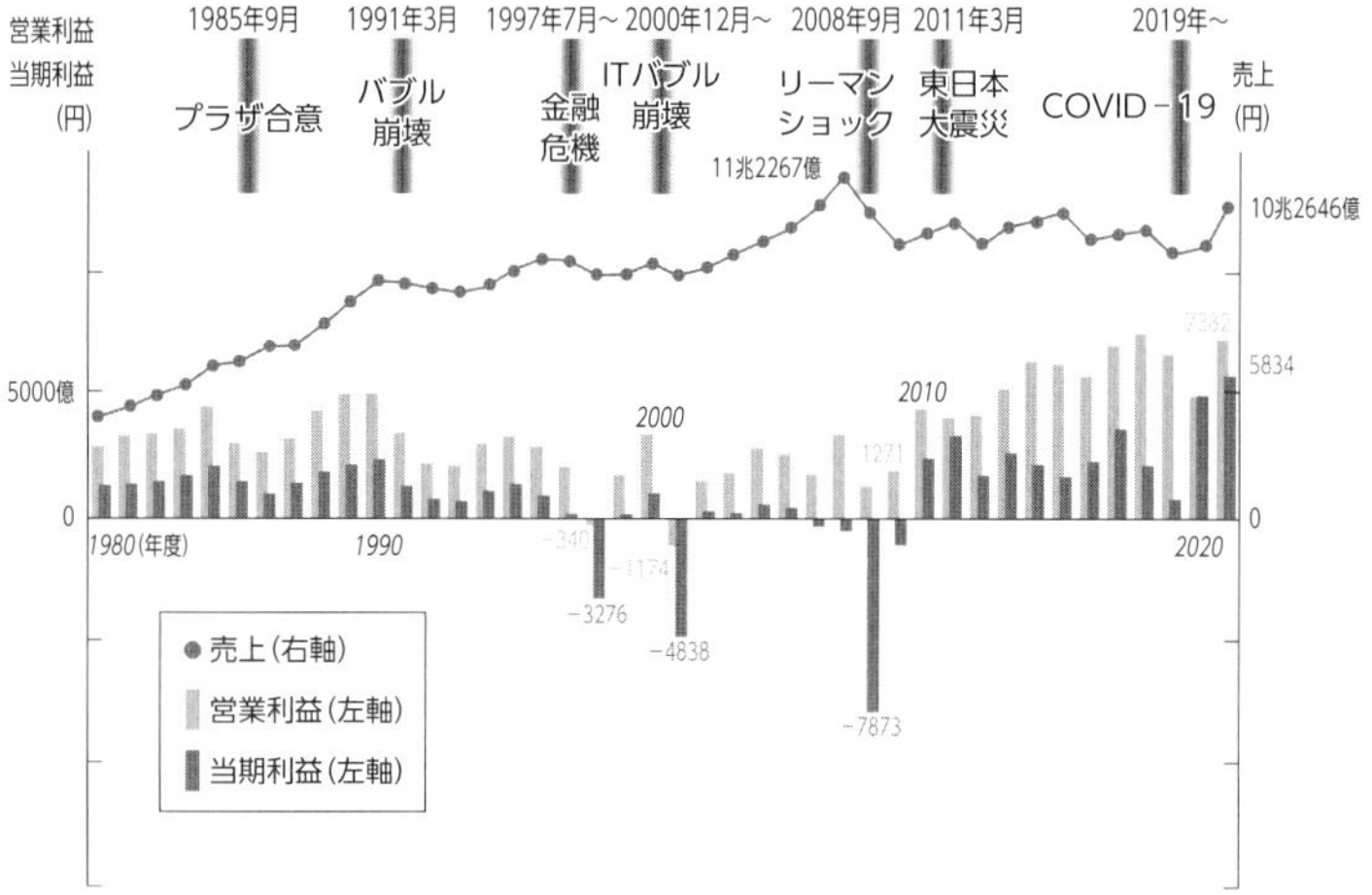

用は５社合計で約２６００億円でした。

次に行ったのは赤字続きだったテレビの自社生産からの撤退など、不採算事業の整理です。日立が最初に自社製テレビを開発販売したのは、日本でテレビ放送が始まって３年後の１９５６年でした。参入こそ他社の後塵を拝しましたが、１９６９年にはオールトランジスタカラーテレビを開発し、１９７０年代には「キドカラー」の愛称で親しまれました。今世紀に入ってからは薄型プラズマテレビ「Ｗｏｏｏ」を世に送り出すなど、テレビ事業は日立と一般消費者とをつなぐ重要なアイテムでした。

しかし、競争激化などに伴い、テレビ事業は赤字に転落し、２００８年度には数百億円規模の赤字を出すまでに業績は落ち込み、日立の経営を圧迫するようになってしまいました。

三菱重工業との火力発電システム事業統合

川村さんらは100日プランでテレビの自社生産からの撤退を決めましたが、だからといって、それほど簡単に撤退できるわけではありません。生産拠点は国内外に複数あり、それぞれに働いている人がいて、地域経済とも深い関わり合いがあるからです。海外では中国、メキシコ、チェコで生産していましたが、それぞれ閉鎖または他製品の工場に転換しました。海外の場合、契約が明確なので比較的容易に撤退することができました。

難しかったのは国内事業の整理です。長期雇用が前提の社員の雇用と地域経済への影響を考えると、明日から工場は閉鎖です、というわけにはいかないからです。

川村さんら経営陣は、粘り強い交渉の結果、宮崎県国富町のプラズマパネル工場は太陽電池メーカーに、千葉県茂原市の液晶パネル工場はパナソニックに売却し、岐阜県美濃加茂市の組み立て工場は金型などの製造工場に転換して、テレビ生産事業からの撤退を進めました。製造終了は2012年8月で、撤退決定から約3年の歳月を要しました。

テレビ生産事業からの撤退は事業構造改革＝「選択と集中」の象徴的かつ最大の施策でしたが、そのほかにも液晶パネル事業の譲渡、携帯電話事業の再編など、不採算・低収益事業の徹底的な整理を行いました。

もう1つ、これはV字回復後の話ですが、日立にとって非常に大きな選択だったと思うのが、中西さんが社長時代に進めた三菱重工業との火力発電システム事業の統合です。三菱重工業65%、日立35%の出資比率で新会社・三菱日立パワーシステムズ（ＭＨＰＳ）を設立することを２０１２年11月に公表し、２０１４年2月に発足させました。

火力発電システムは日立の基幹事業として、長く日立の発展を支えてきた事業の１つです。川村さんはその技術者として日立でのキャリアを始めています。その統合は断腸の思いでの決断だったろうと思います。

しかし当時、火力発電の需要は世界中で拡大しており、グローバルで競争が激化していました。

大きな環境変化の中で、世界と伍して戦うには、大型ガスタービンの生産を得意とする三菱重工業と、中・小型タービンの生産に長けた日立が統合することで両者の強みを生かし、国際競争力を強化することが最善という経営判断でした。

「財務の日立」を取り戻せ

ガバナンス・財務改革の柱は、カンパニー制の導入と公募増資による自己資本（株主資本）比率の回復でした。カンパニー制についてはすでにお話ししたとおりですが、川村さんの狙いは各事業のもたれ合い体質を改革し、社内に競争原理が働くよう会社組織を再編することでした。第8章でお話しする自律分散型グローバル経営も、当然のことながら競争原理を働かせることをめざしています。

川村さんにとって最大かつ喫緊の課題は、財務基盤の立て直しだったと思います。２００８年度の７８７３億円だけでなく、川村さんが社長になる前の10年間で、日立はほかに２度、巨額の赤字を計上しています。１９９８年度の３２７６億円と２００１年度の４８３８億円です。３度の巨額赤字を含め10年以上続いた低収益で、かつて「財務の日立」と呼ばれていた強固な財務基盤は弱体化してしまいました。

日立が積み上げてきた自己資本を巨額の赤字が食いつぶし、２００９年３月期には株主資本比率は11・２％にまで下がりました。１桁まで落ちると企業存続の危険水域といわれていますから、待ったなしの状況でした。ムーディーズなど海外の格付け会社の格付けは軒並み引き下げられてしまっていました。２００９年５月から６月にかけて、長期債格付けは、ムーディーズでA２からA３に、スタンダード・アンド・プアーズでA－からBBB＋、格付投資情報センターでAA－からA＋に格下げとなりました。格付けが下がることは、社会からの信用を失うことと同義です。

７８７３億円の赤字の解消は大変なことです。１日当たり21億円、１時間で１億円近くの赤字を垂れ流している計算です。財務体質を改善しつつ、危機打開のために戦略的な投資を行っていくためには、公募増資を実施して自己資本率を回復するしかありません。川村さんは2009年11月に増資計画を公表します。直後に日立の株価は下落してしまいましたが、海外投資家との対話を重ねるなど苦心の結果、約3500億円の資金調達に成功し危機を乗り越えました。

こうした改革により、翌2009年度こそ当期利益はマイナス1069億円で連続の赤字となりましたが、2010年度には2388億円、2011年度には3471億円と2年連続で過去最高の当期利益を上げ、V字回復と称賛を浴びました。

川村さんは、世間体を気にしませんでした。少しでも気にしたら、7873億円の赤字を2期に分けて出したでしょう。「一気に、短期間で終わらせる」という、強い覚悟があったと思います。

中西さんの目線の高さ

川村さんのあとに社長に就任した中西さんは、成長路線を推進するため、社会イノベーション事業を日立グループの柱となる事業と定め、プロダクトやソフトウェア単体の物売りから、デジタル技術を活用したソリューション事業への転換とグローバル化を加速しました。

第3章で詳しく触れた、最先端のデジタル技術を活用して顧客やパートナーとともに新しいソリューションや新規ビジネスなど新しい価値を創出する「協創」のアプローチを徹底する方針を掲げたのは中西さんでした。中西さんは、ハードウェアとその保守、さらにはファイナンスまでを含めた総合的なソリューションを提供するサービス提供型ビジネスというビジネスモデルを構築しました。

また、2012年には自身で経営を立て直し、黒字化させたハードディスク装置事業を躊躇なく売却。2015年には空調事業の合弁事業化、鉄道システム事業の買収、スイス企業ABBとの高圧直流送電システム事業での提携など、将来を見据え社会イノベーション事業へのフォーカスと事業構造の転換をさらに推し進めました。

こうした改革により、社長就任時には2・3%だった営業利益率を、CEO退任時の2015年度には6・3%に引き上げました。

CEO退任後、中西さんは政府や業界団体の要職を歴任しています。2018年からは経団連会長となり、日本経済界のリーダーとして活躍。大所高所の視点から日立も指導してもらいました。

中西さんは、経済発展と社会的課題の解決を両立させる人間中心の「Society5・0」の実現をめざし、その考えを日本だけではなく、各国の政治、経済、学術、社会のリーダーが集う世界経済フォーラムなどを通じて世界に発信し続けました。

Society5・0は、そのコンセプトを「サイバー空間（仮想空間）とフィジカル空間

（現実空間）を高度に融合させたシステム（サイバーフィジカルシステム）により、経済発展と社会的課題の解決を両立する、人間中心の社会」と定義しています。ルマーダはまさにモノからデータを吸い上げ、サイバー空間上で処理し、その結果に基づき現実空間での制御や処理を実行するサイバーフィジカルシステムです。私は日立が推進する社会イノベーションの先に「Ｓｏｃｉｅｔｙ５・０」の社会があると信じています。

川村さん、中西さん、２人の英断と馬力がなければ、瀕死の状態だった日立が再生することはなかったと思います。しかも、それをたった3年という短期で成し遂げた手腕には頭が下がります。

２０２１中期経営計画──顧客協創で社会価値を生み出す

後を任された私が、ＢＵ制と、それを強化したＢＵのグループ化、ルマーダの立ち上げなどの改革をしたのは前章まででお話ししました。２０１９年3月期決算で２０１８中期経営計画の最大の目標だった営業利益率８％を達成し、２０１９年5月には２０２１中期経営計画（21中計）を公表しました。

21中計では「社会イノベーション事業でグローバルリーダーをめざすこと」「社会価値、環境価値、経済価値の三つの価値を重視した経営をめざすこと」「重点分野に積極投資すること」

などを打ち出し、２０２１年度に営業利益率10％を達成することを目標に定めました。

18中計の際には、ＢＵのＣＥＯに内定していたメンバーをブレーンとして、秘密裏にトップダウンで計画を作成したわけですが、21中計の作成は、社内に幅広い意見を求めるボトムアップ型に手法を変えました。社会や世界のニーズの変化に敏感に応えるための対策です。「社会イノベーション事業でグローバルリーダーをめざすこと」は18中計を踏襲・発展しての目標ですが、21中計ではそこに「社会価値」「環境価値」「経済価値」の３つの価値を重視した経営を加えました。

18中計では、成長企業に生まれ変わるために、経済価値を重視し、とにかく不採算・低収益の事業の整理・撤退に注力しました。幸い、営業利益率を維持できる経営体質にすることができたので、日立の原点であり本来の存在意義である「社会貢献」に立ち返り、ルマーダを中核とした顧客協創で社会価値や環境価値のある事業を重視したいと考えたのです。

かつてはいいものを作れば売れるという時代でした。いわゆるプロダクトアウト、製品起点です。そして、その次はお客さまの要望を理解し、課題を解決することがビジネスの主流となりました。マーケットイン、顧客起点です。これからもその部分は重要ですが、それに加え、持続可能な社会の構築に貢献するため、温室効果ガスの排出量の削減やプラスチックごみの削減など、社会や環境の課題を解決するビジネスが求められる時代に入ってきました。２０２０年には新型コロナウイルス感染症（ＣＯＶＩＤ－19）のパンデミックという未曾有の事態にも見舞われ、社会課題はさらに複雑化しています。

顧客の課題解決は相手の顔がはっきり見えていますから、なすべきことは明確です。が、社会や環境の課題を解決し、新たな価値を創造するには、顧客との協創やメーカー同士の協力だけでは不十分で、市民やNPOまでを巻き込んだムーブメントにしていかなければなりません。社会起点、価値起点の発想が必要です。

そうした問題に取り組むには、トップダウンでは限界があります。「今日から、社会的価値や環境的価値のある事業を立案しなさい」と指示したところで、社員にその自覚がなければ、何をすればよいのかさっぱりわからないはずです。

そこで、ボトムアップです。社員1人ひとりが社会問題に関心を高め、「社会との関わりの中でごみを減らすんだ」「フードロスを減らすんだ」という自覚を持つこと。社会の課題を自分の問題としてとらえ、自分たちに何ができるかを考えて、それをビジネスにつなげていくこと。それがボトムアップです。

利他の心

社員のマインドが変われば、トップダウン方式よりもボトムアップ方式のほうが、日立は強い会社になることができます。意識改革、そして企業風土を改めて醸成していくため、研修や工場訪問の際には社員を集めたタウンホールミーティングを実施し、「これからはみなさん方が主体でやらないといけない」と訴え続けました。社員へのメッセージで必ず伝えていたのは「利他の心」です。自分と社会のつながりをつねに意識し、社会のニーズを察知する心です。

お客さまとの協創には、お客さまの課題を共有することが大切です。日立の製品を買ってもらうことばかりを考えていては、お客さまの直面する課題は見えてきません。

「まず、自分の頭の中を空っぽにしてお客さまの話に耳を傾け、課題がどこにあるのかを考えてみることです。お客さまの課題を察知するには、共感力を育てることが重要です。日立の創立者の1人でもある大先輩の馬場粂夫博士が私たちに残してくれた『己を空《むな》しうしてただ孚《ふ》誠《せい》を盡《つく》す』という言葉を今こそ大切にしてください。誠を尽くして、お客さまに感謝の言葉をいただけば、それがとても嬉しくて自己成長のエンジンになるはずです」

そう伝えています。

あとに詳しく紹介しますが、私の場合は鉄道事業が社会とのつながりを意識する原点でした。JR中央線の各駅に東京圏輸送管理システム（ATOS）という鉄道運行管理のシステムを導入する仕事です。トラブルも数多く経験しましたが、「コンピューター制御にすることで電車の運行が効率的になるんだ」「事故があっても復旧が早くなって乗客が楽になる。それが社会への大きな貢献になるんだ」と、つねに自分に言い聞かせてやっていました。

「こう言えば評価されるかもしれない」「こうすれば有名になれるかもしれない」、人間、そう思うのが性なんだと思います。でも、自分の損得ばかりを考えてエゴに凝り固まっていては、社会とつながり貢献することはできません。反対に、エゴを捨てて社会に貢献できればお客さまは褒めてくれます。「よくやってくれてありがとう。日立と一緒に仕事してよかった」と言われたら、人間、またがんばろうと思えます。その好循環が人とビジネスを育てるのだと思います。

利他が大事だと私が言うのは、自分が利他ではない、聖人君子ではないからです。だからこそ、つねに利他であるかを確認する。何かの意思決定をするときは、「そこに自我はないだろうか？」と自分に問い直します。自分のわがままで決めるのではないだろうか？　日立のためになるのか？　社会のためになるか？　と。

共感力を持つ

21中計では価値を重視した経営の方針を打ち出しましたが、価値とは何かを考えるときには、お客さまの考えを理解することが欠かせません。そのためには「共感力」が大切です。このことも利他の心と併せ、機会があるごとに社員たちに訴え続けました。

前にも少し触れましたが、１１０年の歴史で、日立の出発点は工場文化です。いい製品を作れば売れる。その信念こそが工場文化です。

工場では残業すればするほど生産量が上がります。よく売れている製品を製造している部署はいつも残業です。そこで経済的価値（余剰価値）を生み出すのは原価の低減です。ですから、工場文化で育ってきている日立の社員は、価値の議論をすると、原価低減のことしか考えてきませんでした。

けれど、「顧客協創」で事業を創り上げていく際には、顧客にとっての余剰価値がどこにあるのか、顧客はどのような余剰価値を求めているのかを理解し、それをターゲットにしなければなりません。

「オフィスで残業しているより、異業種交流会に参加したり顧客の事業分野について勉強したりして、顧客企業にとっての価値を見つけることのほうが、よほど意味がある」

こう言い続けてきました。それが共感力を育てます。

ルマーダや顧客協創は日本だけの話ではありません。海外のパートナー企業にとっての価値を考えるときには、日本の価値観に拘泥していたのでは理解できません。

日本では電車やバスが時刻表通りに運行することは非常に大切ですが、欧米のように、さほど厳密ではなく、次にいつごろ電車が来るのかわかればよいという考えもあります。米国と欧州でも異なる価値観はあるし、中国やほかのアジア諸国でも日本とはまったく違った発想をします。日本的な発想で価値があると考えても、相手がその価値を認めなければ意味がありません。ですから、その地域のことを深く理解することがとても重要です。それも共感力です。

ダイバーシティ（多様性）を認め合おうという考えが、日本でも少しずつ浸透してきていますが、日本ではまだまだ、女性の権利や雇用の問題が中心です。もちろん、欧米やその他の地域に比べ、日本では女性の雇用環境が厳しいという特殊な事情があるため、仕方のない側面はあります。

けれども、ダイバーシティはもっと大きな意味があります。日立では、ダイバーシティとはイノベーションの源泉であり、成長のエンジンだと言っています。世界中の宗教や文化、セクシャリティ、国籍などの違いはあれど、互いに尊重され、それぞれの「違い」を認め合うことにより、すべての人が能力を最大限に発揮し、より良いアイデアを生み、イノベーションを起こせるのです。そのためにＤＥＩ（Diversity ＝多様性、Equity ＝公正性、Inclusion ＝受容）が不可欠だと社員には言い続けてきました。グローバルで事業を展開するときには特に、お客さまも社員も価値観の違いがあることを前提に、お互いを理解することがとても重要です。

オープン・プラットフォーム

２０１９年に21中計を公表したとき、投資家に社会価値や環境価値の話をしてもなかなか納得していただけませんでした。

「それで、利益はいかほどですか?」

としか言われませんでした。しかし、2年ほど経つと、状況はがらりと変わりました。2019年8月には、米国経済団体のビジネス・ラウンドテーブルが開催され、株主だけではなく、顧客、従業員、取引先や地域社会などのすべてのステークホルダーの利益にコミットする旨の声明が発表されました。加えて、温暖化やコロナ禍の影響も大きかったと思います。投資家の価値基準も「経済価値」一辺倒から、「社会価値」「環境価値」にシフトしてきたのです。シェアホルダー(株主)資本主義からステークホルダー資本主義への転換です。

たとえば、世界では欧州を中心にカーボンニュートラルが企業の責任とみなされるようになりました。2030年度までに二酸化炭素排出量を46%削減(2013年度比)するのが、2021年に米国主催気候サミットで日本が掲げた目標です。日立は2030年度までに自社の事業所(ファクトリー・オフィス)でのカーボンニュートラル、2050年度までにバリューチェーン全体でのカーボンニュートラルをめざしていますが、日立単独でできることは限られています。社会の問題や課題は、多くの企業が集まり協力し合って解決するほうが有効かつ効率的です。

そこで、日立とパートナー企業が協創を行うのみでなく、パートナー企業同士がルマーダを通じて協創の輪を広げていくため、2020年11月からはルマーダの一部の機能をオープン・プラットフォームにして、「ルマーダ・アライアンス・プログラム」も開始しました。

ルマーダ・アライアンス・プログラムでは、「技術・ノウハウ・アイデアを相互に活用し、データから新たな価値を創出することで、人々のＱＯＬの向上と社会・経済の持続的な発展に貢献する。その価値を循環させ、ともに成長していく」というビジョンに賛同したパートナーとともに、ルマーダを基盤としたエコシステムを広く構築しオープンイノベーションを加速することを目標としています。

参加企業同士がルマーダを介して、業種を越えてお互いのソリューションやデータを組み合わせて新たなソリューションやビジネスを構築する支援をします。

また、２０２１年4月には、ＪＲ東京駅に直結するサピアタワー17階に「ルマーダ・イノベーション・ハブ・東京」を開設し、日立と協創していただけるパートナー企業との窓口となる拠点を作りました。

一方で、環境問題など、大きな社会課題は企業だけで解決できるものではありません。社会全体で取り組んでいく必要があります。今後は産官学の枠を越えて、ＮＰＯ、消費者団体や、イノベーティブな市民と共に課題解決に向けて取り組めるエコシステムを構築していきたいと考えています。

セクター制の導入

21中計について、もう1つお話ししておきたいことがあります。セクター制への移行です。それまで、電力・エネルギー、産業・流通・水、アーバン、金融・公共・ヘルスケアの4つの注力分野にグループ分けしていたBUを、IT、エネルギー、インダストリー、モビリティ、ライフの5つのセクターに再編しました。

IT、エネルギー、インダストリーの各セクターのトップは、引き続き塩塚さん、西野さん、青木さんに担当してもらい、モビリティは新たに副社長に就任したアリステア・ドーマーさんに、ライフはそれまでアーバン分野を担当していた小島さんにお願いすることにしました。

ドーマーさんには鉄道システム事業で手腕を発揮してもらいました。日本での鉄道技術をベースにした欧州エリアへの事業の拡大です。現在、英国の鉄道では日立の車両が走っています。副社長就任前のことですが、その実現にはドーマーさんの大きな尽力がありました。また、ドーマーさんが主導して買収したイタリアの鉄道会社アンサルドブレダとアンサルドSTSは、欧州の鉄道システム事業の中核の役割を果たしています。2023年をめどにフランスのタレスから鉄道信号関連事業の買収手続きを進めており、この分野で世界ナンバーワンをめざしています。この買収交渉を主導していたのもドーマーさんでした。

小島さんには、プロダクト提供型ビジネスからサービス提供型ビジネスへの重心移動という方針に基づいた事業の整理を担当してもらいました。自動車部品事業のホンダ系列会社との統合や、医療機器事業の富士フイルムへの譲渡、上場会社だった日立ハイテクの日立本体への取り込みなどの事業再編を推進してくれました。

また、引き続きＩＴセクター担当となった塩塚さんには、現在２万８０００人以上のＩＴ技術者を抱え成長を続けている、米国のＩＴ企業グローバルロジックの買収を主導してもらいました。買収額約１兆円の超大型買収で、２０２１年に完了しています。ＩＴ事業の高収益化を実現させ、この分野の将来の基盤を作ることができました。

コロナ禍での7・2%達成

２０２１年度の売上は10兆２６４６億円、営業利益７３８２億円、営業利益率７・２％で、21中計で目標に掲げた利益率10％は残念ながら未達に終わりました。コロナ禍の影響が大きかったと言わざるをえません。影響は世界中の各拠点、各事業に及びましたが、１つだけ申し上げると、ロックダウンなどで各地の工場が止まってしまい出荷できなくなってしまうというようなことが起こりました。

コロナ禍での営業利益率７・２％は胸を張ってよい数字です。コロナに見舞われようが赤字に転落することなく、7000億円を超える利益をあげられる企業体制ができたことに、社員は自信を持ってよいと思います。

実は、一番心配したのはキャッシュでした。コロナで仕事がすべて止まってしまえば売上は立たなくなりますが、給与などの支払いは待ったなしです。

「これが続いたら、日立は何年持つのか」

当初はずいぶん気を揉みました。銀行の融資枠を含め1・3兆円のキャッシュを確保しておけば、1年半くらいはなんとかなります。そこで1・3兆円の確保をまず決定し、残りのキャッシュフローをシミュレーションしたところ、3カ月単位でキャッシュポジティブとなることがわかり、少し安心しました。

前述の通り21中計では重点分野への積極投資を謳いました。重点分野への積極投資とは、すなわち、日立とデジタルでシナジー（相乗効果）を発揮できる優良企業の買収です。コロナ禍の中、2020年にはスイスのABBからパワーグリッド事業を約1兆円で、2021年には前述の米国のグローバルロジックをこちらも約1兆円で買収することができました。

買収原資には事業売却で得た資金も活用されており、新規投資というよりはポートフォリオ（資産構成）の入れ替えが実態ですが、社会イノベーション事業の拡充と自律分散型グローバル経営の実現に欠かせないピースだと考えていた両社を、予定通り買収できたのは、コロナ禍にあってもびくともしない強い企業体制を構築することができたからだと思っています。

第5章　大みか工場と私

三社択一――日立入社

日立に入社したのは、縁だと思っています。ぜひ入りたい、と思っていたわけではなく、正直に言えば、自分の専門性を活かせる会社に就職できるなら、どこでもよかったのです。

私は徳島の生まれで、地元の徳島大学工学部に通っていました。私の前の世代までは企業の採用数も多く、工学部の学生なら教授から著名な企業への推薦をいくつももらい、面接を受けることができたような時代です。しかし、私が大学4年生だった1977年は1973年に始まった第1次オイルショックからまだ立ち直っておらず、不景気で企業の採用は絞り込まれました。

日立も同じで、私の同期は技術系・事務系を合わせて約500人。十分多いと思われるかもしれませんが、1970年ごろは採用人数が1000人を超えていたことを考えると少ない水準です。前の年はもっと厳しく、採用されたのは約130人でした。

就職担当の教授からは、

「日立か東芝、三菱電機なら推薦できるから、面接する会社をどれか1社を選びなさい」

こう言われました。

日立の研究所から大学に戻っていた別の教授からは、

「君の性格なら、思い切ってやれるのは日立かもしれないね」

と助言も受けました。

当時、日立の社風は野武士などと言われることもありましたが、学生の私には3社とも似たようなことをしている会社に見えて、違いはあまりわかりませんでした。しいて言えば、日立は海外でもいろいろと事業展開していましたから、どうせなら海外に行けるチャンスがある会社がいいというくらいの気持ちもあり日立を選びました。

1977年に日立製作所に入社し、日立市にある大みか工場に配属され、社会人としてスタートしました。大みか工場はコンピューターの黎明期、日立工場と国分工場の制御部門を統合して1969年にできたばかりの新しい工場で、当時は製鉄のコンピューター制御システムや自動車工場の生産ラインの制御システム、新幹線の運行管理システムなどを開発していました。

新入社員教育が一通り終わるころ、

「制御がおもしろそうだな」
そう思って、大みか工場を配属先に希望したのです。

たった一度の人生なら

当時の大みか工場は独自の文化を作っていこうという活力にあふれていました。そこで工場長から受けた訓示が、私の仕事に対する支柱となりました。伊沢省二さんという立派な工場長でした。

「たったひとりしかない自分を、たった一度しかない一生を、ほんとうに生かさなかったら、人間、うまれてきたかいがないじゃないか」

山本有三の『路傍の石』の一節を引いた訓示でした。

企業戦士として人生の大半の時間を仕事に費やすなら、仕事の中で自分を成長させ、生きがいを見つけなさい、という趣旨でした。

「仕事を生きがいとし、仕事で成長する」というのは、今でも私の仕事に対する基本的な考えです。成長するために「なんでもやってみようの精神」で、与えられた仕事やチャンスはどんなことでも興味を持ってチャレンジしてきたつもりです。

大みか工場の玄関には「GO綱領」の石碑が建てられています。日立工場と国分工場の部隊

「GO綱領」の石碑

が合体してできた工場ですから、創設当初は互いのプライドと文化がぶつかり合って大変だったそうです。工場としての団結を図るため社員の心構えを示す綱領を定めたと聞いています。

「GO」はGreater Omikaの略です。石碑には次の文字が刻まれています。

GO綱領

われわれはよりよい社会人であることをめざすとともに
社会進歩の担い手である大みか工場の従業員として誇りと責任をもち
和協一致その使命を果すことに生きがいを感じ
前進するものである

1　より高い技術に挑戦しよう
2　信頼に値する仕事をしよう
3　相手の立場にたって考え行動しよう
4　清新にして活力に満ちた職場を作ろう
5　自戒と感謝の気持をもとう

正直、3番目の「相手の立場にたって考え行動しよう」については、入社当時はピンと来ていませんでした。若かったのでしょうね。

メンター・中西さん

大みか工場に配属されて最初の半年間は、大みか工場総務部勤労課員という身分で、いろいろな現場で実習しました。現場実習を終えると、次は計算制御設計部で制御用コンピューターのOS（Operating System）の設計実習をすることになりました。そこで、コンピューターのOSの仕組みを徹底的にたたき込まれました。コンピューターといっても今のようなパソコンではありません。紙テープやカードでプログラム登録していた時代です。

そのときに指導してもらったのが、ほかでもない中西さんでした。中西さんの指導は、仕事を課して鍛えるというやり方ではなく、徹底して「なぜ」を考えさせ、仕事の意義を理解させるところから始まりました。そして毎日、会社に貢献し、つねにより高い目標に挑戦することを指導されました。

私は中西さんのもとで、プログラミング言語で書かれたＯＳプログラムをフローチャートにする、今でいう「リバースエンジニアリング」の仕事をしました。

「何のための仕事かを、つねに考えることだ」

「フローチャートにしておくことで、トラブル解析が容易になる。そのために工場の財産として図面を保管しておくことが重要なんだ」

こんなふうに厳しく指摘されたのをよく覚えています。

中西さんからはＯＳだけでなく、英語力もとことんたたき込まれました。まだグローバル化などという言葉もなかった時代ですが、「ビジネス英語は大事だぞ」と、実習レポートは英語で作成することを求められました。

週報と呼んでいましたが、毎日、その日に学んだことや考えたことを記して、週に1度指導員に提出します。週報は指導員の上司やらなんやら全部で6人が目を通して判をつくことになっていました。

「It is very difficult for me to understand this algorithm.」

とか、そういうことを毎日タイプして、1週間でＡ４の用紙2枚ほどのレポートを作成していました。指導員は私のレポートに、毎回、赤字でその何倍もの量のコメントを書き込んでくれていました。それも英語です。

入社したての新人にとっては、社長は殿上人のような存在でした。入社式に見ただけで話したことはもちろんありません。前述の通り、「日立では東大卒で日立工場の工場長経験者が社長になる」という暗黙のルールがあるというのは聞いていましたから、徳島大学卒業で大みか工場に配属された私とは無縁の世界でした。

ところが、中西さんは入社する前からの大志だったそうで、「俺は社長になるために日立に入った」と公言していました。実際に初志貫徹したのですから、やはりすごいですよね。中西さんに指導してもらったのはわずか1年足らずでしたが、その間にビジネスパーソンとしてのいろはを教えてもらったと思います。

ファイアマン

実習期間が終わると正式な配属です。希望を出します。大みか工場の同期は14人。私以外の全員は設計や開発を希望し配属されました。しかし、私は各部の紹介を聞いて検査部（のちの品質保証部）を希望しました。

当時はエンジニアの王道は開発と設計というのが常識でしたから、検査部希望だと言うと、

「東原、本当か？」

「地味じゃないか？」

なんて言われた記憶があります。

検査部というのは、工場で製造したシステムを、文字通り検査する部署です。検査するだけでなく、納入先でシステムが正常に動くことを確かめるまでが仕事です。検査で「合格」の判を押したら、納品してシステムが動くまですべて責任を負うのが仕事だと教えられました。

当時、大みか工場で作っていた制御系のシステムには鉄道、電力、鉄鋼、自動車のオートメーション工場などさまざまな分野のシステムがありました。

「設計や開発では1つのシステムにしか関われない。検査部なら全部見られる。多くの現場に関われる。自分が判を押したらあとはすべて自分の責任だ。これはやりがいがありそうだ」

私はそう思っていました。現場に行ってお客さまと直接話ができることにも魅力を感じました。結局、検査部・品質保証部には合計20年近く籍を置くことになりますが、ここから、私の現場一筋のエンジニア人生が始まりました。

もし、検査部に配属されていなければ、今の私はなかったと思います。検査部での幅広い産業分野での現場経験が私を成長させてくれたからです。

人間万事塞翁が馬です。もちろん、検査部配属は禍などではありませんが、当時の日立の王道からは外れた道を選んだわけです。何が幸いするかはわかりません。

さて、検査部に配属されてからの十数年は、全国を飛び回る、目の回るような日々でした。検査をして合格を出して、納品してシステムが動くのを確認するのが仕事だと思っていましたが、実際には違いました。本番は納品したあとでした。

納品のときには動いていたのに、1カ月も経たないうちに動かなくなることがよくあるのです。クレームは納品に立ち会った検査部に来ます。そのたびに納品先に出かけていって、トラブルの原因を特定し、工場の設計部や開発部と連絡を取り合って修理する。それが私の仕事でした。トラブルシューティングばかりです。「困ったときの東原」「火消し役」「ファイアマン」なんて言われていました。「合格」の判をついたらあとはすべて検査部員の責任だと言われていましたから、真剣でした。

その後も、

「東原君、今度○○部に行って、赤字を黒字にしてくれないだろうか」

と言われるようになります。おかげで私にとっては、火消しの経験が自分の血となり肉となったわけです。

配属早々の大事件

さて、当時は、コンピューターにプログラミングシステムが導入されたばかりでした。それまでは、指令をカードにパンチしてコンピューターに読み込ませていましたが、私が入社したころ、大みか工場が今と同じようにキーボードで直接入力してソフトのプログラムを作るＩＰＳ（Interactive Programming System）を開発しました。検査部に配属され、私が初めて合格の判を押したのが、そのＩＰＳを使った制御システムでした。

忘れられないのが、住友セメント（現・住友大阪セメント）の工場で起こったトラブルです。連絡が来て現場に駆け付けると、担当の方は頭から湯気を出してかんかんです。

「プログラムが突然消えちゃったじゃないか！　いったいどうしてくれるんだ！」

日立が納入したＩＰＳを使って、１カ月かけて開発したプログラムが消えてしまっていました。

「なんてことだ……」

背中を冷たいものが走りました。原因はＩＰＳの基盤ソフトウェアのバグ。私は、壊れてしまったプログラムの中から、生き残って使えそうなコードの断片を救い上げられるだけ救い上げてプログラムの修復にかかりました。

数日間、徹夜の作業で、プログラムの９割以上を復旧させました。うまくリカバリーできなければ、お客さまの１カ月間の仕事と時間を台無しにしてしまうところでした。

修復後、担当者から、

「よくやってくれた。徹夜だったんだろう」

とねぎらいの言葉をかけてもらい、ほっとしましたが、また同じようなことが起きてはなりません。

バグが発生した原因や、発生の可能性を見過ごしていた原因も特定しなくてはなりません。工場に帰ってから検査の手順に足りないところがないか徹底的に検証しました。そして、十分でないと判断した場合は、ルールを変更するということを繰り返しました。

行く先々のお客さまに叱られる日々の中で、工場に配属されたときに工場長から言われた「たったひとりしかない自分を……」を反芻したものです。

先輩からは、

「叱られそうで行きたくないと思うところほど、積極的に出張に行ってこい。そこから得られるものは大きいよ」

と、よく言われました。

善悪は別にして、当時の日本では「企業戦士」が美徳とされていました。今と違って、会社に入ったからにはそこに骨を埋める覚悟を持つのが常識でした。仕事をするならその中に生きがいを見つけよう。お客さまのクレームに対処して解決する。同じ失敗を繰り返さないために、工場のルールを改善する。それが、そのころの私の生きがいとなっていました。

「相手の立場に立って考える」という私の人生哲学も、このころに身につきました。入社当時はピンと来なかったと言いましたが、実際、相手の立場に立って考えるのは案外難しいことではないでしょうか。人間はエゴの塊のようなものですから、普通は相手の立場に立って考えることはできません。自分はこれがしたい、あれがしたいが先に立ち、相手の気持ちや要求にまで気が回りません。

ただ、納品されたプログラムが動かなくなって、顔を真っ赤にして怒っているお客さまを目の前にして、「まず何からやっていけば、この人はわかってくれるんだろう」と考える習慣がこのころしつけられたのだと思います。

第2章で、日立プラントテクノロジーの社長に就任した際、日立本社からのスタッフは伴わなかったという話をしました。それもこの、相手の立場に立って考える習慣が身についていたからだと思います。大挙してやってきた外様集団に会社を牛耳られるのを快く思う人はいないと考えてのことでした。

新聞が出せない!?

1985年に大みか工場検査部ソフト検査課技師、1990年に主任技師となり、1996年からは品質保証部ソフト品質保証課長を務めました。

この間、日本国内だけでなく、香港などいろんな現場のシステムのトラブル解決に携りました。

1988年の年末には、読売新聞大阪本社の発送システムの不具合が起きて大変な騒ぎになりました。若い世代の方にはピンとこないかもしれませんが、当時の昭和天皇が重体となられ、日本全体が自粛ムードに覆われ、メディアは天皇の病状報道一色となっていました。

近い将来訪れるかもしれない天皇崩御の日は「Xデー」と呼ばれていました。それは明日かもしれないという状況です。万が一、そのXデーに全国紙の発送システムが止まって、新聞の配達に遅れが出るようなことがあったら、新聞社として致命的な失態です。

日立は読売新聞大阪本社に発送の制御システムを納品していました。新聞は輪転機で1部ずつ印刷されます。印刷された新聞は折りたたまれ、100部単位で束ねられ、そこに発送先を記したラベルが貼りつけられ、ビニールで梱包し紐がかけられます。もちろん、すべて自動です。日立はその工程の制御システムを納入していました。

そんな中、

「東原、大阪読売、トラブルらしいぞ」

障害報告が飛び込んできました。Xデーに何かあったら、日立にとっても大失点です。現地のプロジェクトリーダーから支援要請を受け、大阪に飛びました。

不具合は発送先のラベルを貼りつける工程で起こっていました。コンベアで流れてきた新聞の束が、宛名プリンターで印刷されたラベルが貼られる前に、通り過ぎてしまうのです。幸い、プログラムの修正で対応でき、間一髪。Xデーに読売新聞にご迷惑をかけることはありませんでした。

中央線を止めた

大みか工場時代の私が一番長く携わったのは、ＪＲ東日本と共同開発した「ＡＴＯＳ（Autonomous decentralized Transport Operation control System）」という東京圏輸送管理システムです。

日本の鉄道は過密なダイヤを正確に運行することで有名ですが、これには駅のホームへの入線と出発をうまくさばくことが欠かせません。ターミナル駅ともなるとおびただしい数のレールが錯綜するように敷かれていますから、入線処理も大変です。

列車が本線からホームに入る際には、転轍機《てんてつき》（ポイント）で線路を切り替えて分岐線へと誘導します。その際、進入する線路を間違えたり事故が起こったりしないように、転轍機の手前には信号が設置されています。かつては、転轍機や信号の切り替えは駅員が行っていましたが、それを自動化したのがＡＴＯＳです。

ＡＴＯＳは各駅に設置され、駅に停車したり通過したりする列車の進路をすべて自動制御します。ＡＴＯＳはＪＲ東日本東京総合指令室と光ファイバーでつながっており、指令室から各駅のＡＴＯＳに運行ダイヤの変更、列車の遅延情報などが逐次送信されます。その情報に基づいて駅構内の運行が管理されます。列車の遅延や車両の故障が起こったときの対処の方法もすべてプログラミングしてあります。

ＡＴＯＳはＪＲ東日本東京圏内を走る中央本線や山手線、京浜東北線など多くの路線の３００を超える駅にシステムを順次導入していく大規模プロジェクトでした。中央本線の各駅への設置から始まり、20年にわたり導入を行ってきました。

導入後も技術の進歩に伴ってシステムはバージョンアップを繰り返し、そのたびにシステムをリプレースしますから、いわばエンドレスのプロジェクトです。私は導入の総責任者で、最初の中央本線に導入が完了するまでを担当しました。

私にとって、こんなに長期間継続するプロジェクトは初めての経験でした。それまでは、納入してシステムが正常に動いているのが確認できれば、ミッションコンプリートでした。トラブルが起これば火消しに汗は流しますが、普通は、納入すれば仕事は終わるのが基本ですし、何かあっても自分１人の責任で済みました。

しかし、ＡＴＯＳプロジェクトではそういうわけにはいきません。後進に仕事を引き継がなくてはなりません。安全と品質の確保、人財の育成、技術の伝承の方法について、ＪＲの方々やプロジェクトのメンバーと熱い議論を繰り返しました。

導入当初はトラブルも多く失敗もありました。最も強く印象に残っているのは、ＪＲ国分寺駅で電車を止めてしまった大失態です。大みか工場時代には実にさまざまな現場に携り、その大半はうまくいきましたが、私の唯一と言ってもいいかもしれないほどの大失敗でした。忘れもしない、1995年5月20日のことです。

その日は、バージョンアップしたシステムを国分寺駅のコンピューターに入れ替える作業を進めていました。列車の運行を妨げることはできませんから、作業は上下線の終電が通り過ぎてから始発が来るまでの間に行います。その間わずか4時間です。

午前2時半ごろ、自宅の電話のベルがけたたましく鳴り、目が覚めました。電話の主は国分寺駅でシステムソフトウェアの入れ替え作業を行っている現場責任者です。

「……ソフトが入りません」

声が震えています。

「だったら元のソフトに戻せばいいだろう」

そう指示しました。ところが、元のソフトに戻すための機器を持ってきていないというではありませんか。始発の入構時間は午前4時半ごろです。あと2時間もない！

すぐに車を飛ばして大みか工場に向かいました。途中、ラジオから「中央本線が信号機故障のため全線不通」とのニュースが流れてきました。

「これは大変なことになるぞ……」

工場に着くと、集まった全員がパニックです。私はタクシーで国分寺駅に向かいました。着いたのは午前7時ごろです。

ＪＲの担当者は、

「昔のシステムが駅舎内に残っています。あれを使いましょう」

そう提案してくれました。

「それはありがたい！」

ＡＴＯＳを導入する前に、手動で運行管理していたときのシステムを信号機や転轍機につないでどうにか復旧。ＪＲのエンジニアの機転に救われました。その間にわれわれはソフトの入れ替え作業を終わらせました。大変多くの乗客の足に影響が出ました。

大失敗から学ぶ

トラブルには必ず原因があります。このときの失敗の理由はまず、新しいソフトが国分寺駅のコンピューターに導入できて正常に動くかどうか、事前に確認していなかったことです。それまでほかの駅ではトラブルなく導入できていたので慢心し、事前確認の仕組みを作っていませんでした。

もう１つは、トラブルが起きた場合の善後策として、旧バージョンに戻す機器を持参していなかったことです。トラブルが起きても、善後策が万全であれば電車を止めることはありませんでした。

私は深く反省し、事故後数日間かけて、同じトラブルを二度と起こさないための事前確認システムを検討しました。大みか工場内に、各駅の列車の運行状況がすべて確認できるシミュレーターを作り、各駅用にカスタマイズした自動運行管理システムが正常に導入できるか確認できるようにしました。

当時で1億円ほどの費用を要しましたが、

「こういうシステムがないとトラブルは防げません」

と直談判すると、工場長の井手寿之さんは、

「すぐ経理に持っていけ」

と、その場で決裁してくれました。

現場で作業するエンジニアの作業マニュアルや、規定の訓練を受け資格を得たエンジニアにしか担当できないといったルールを定めた教育システムも作成しました。

私にとっては手痛い失態、それも大失態でしたが、そこから多くのことを学びました。長期にわたるプロジェクトでは、誰か1人では仕事はできません。技術を伝承するエンジニアの教育が不可欠です。安全と品質を確保するには、技術の伝承を個人任せにすべきではありません。組織としてルールを作り、ルールに基づいて教育することが重要です。そのような仕掛けとしつけが大切であることを、ひいては、どのような事業においても、組織としてのルールと教育が大切であると肝に銘じました。

あれから25年以上が経過していますが、大みか事業所では今でも5月20日を「JR安全の日」に定めています。事故直後に定めた〝記憶の日〟です。あの日以降、社員一同が安全・品質の重要性を確認し、再認識する日として継続しています。

「Bで結構です」

大みか工場時代には米国ボストンに留学しました。1989年の9月からの1年間、34歳のときです。日立では毎年全社で40人程度が留学していました。公募制で、年齢制限は35歳。34歳のときに最後のチャンスと思って手を挙げました。

入社以来、コンピューター畑を歩いて現場で学んできましたが、一度、コンピューターサイエンスを整理しておきたいと思ったのが留学を希望した理由です。会社は本人の留学費用しか出してくれないので普通は単身ですが、私は自費で家族を連れて行きました。

留学生活は非常に充実していました。ボストン大学大学院のコンピュータサイエンス学科で学びましたが、1年間で12講座を履修して修士号（Master of Arts in Computer Science：MA）を取得するという離れ業をやってのけました。入学したときに、

「1年間で修士を修了したいのですが」

と希望すると、担当教授は、

「ばかげている。日立の上司に手紙を書いてやるから、落ち着いて2年間、勉強しなさい」

そうたしなめられました。

私はせっかちで仕事好きです。2年も留学していられませんでした。とはいえ、せっかく留学するのだから、MAぐらいは取って帰りたいとも思いました。必要単位は12講座48単位です。スタンダードの講座はもちろん、春休みや夏休み期間の講座まで、履修できる講座をすべて受講して単位をもらえれば修了できる計算でした。

ところが、プログラムロジックという講座だけが、履修希望の学生が集まらずキャンセルになってしまいました。このままでは1講座不足し、MA取得計画が水の泡になってしまいます。

私は、学部長に直談判しました。学部長は「ボストンのほかの大学で、似たような講座で単位をもらってきたら、認定するよ」と言ってくれましたが、私は納得せず食い下がりました。

「教育の自由を奪うのですか？」

そう詰め寄ると、学部長は正論だと思ったのか、単にあきれたのか、たった私1人のためにキャンセルになった講座を開いてくれました。

講座では最後に口頭試問があります。試問のあと担当教授に、

「ミスター東原。B判定だけど、いいかい？　Aが欲しければほかの学生とディスカッションする機会を作るけど、どうする？」

と訊かれました。MA取得にはB判定で十分だったので「Bで結構です」と即答しました。

ボストンでは、息子が通う小学校で参加したＰＴＡ活動からも多くのことを学びました。息子はローカルスクール、日本で言うとごく普通の公立小学校に通いましたが、この学校では先生が保護者を集めて「来週は算数で数の数え方を教えるけど、こんな教え方でよいですか」と、授業計画を説明し、親から意見を求めて議論していました。ＰＴＡと言えば当時は日本では運動会の手伝いをするぐらいのイメージでしたから、その違いにびっくりしたものです。

米国は多民族国家ですから、保護者が講師になって自分の母国の文化を教える授業もあって、フランス系の人は子どもたちにシャンソンを教えたりしていました。私も日本から紙芝居を取り寄せて、『かぐや姫』の物語を披露しました。

入学する年齢を自分で決められることにも驚きました。日本では小学校には6歳で入学すると決まっていますが、ボストンでは6歳でも7歳でも10歳でも、子どもの成長を考えて自由に選べます。飛び級もありますから、入学するのが遅くても、必ずしも卒業が遅れるということもありません。立派なシステムだと感心しました。

留学生活では大学でも子どもの通う学校でも、文化の違いを肌で感じることができました。それまでも、仕事では何度も海外を経験していましたが、出張で仕事だけするのと、住んで生活するのでは異文化に接触する濃度が違います。のちに私はヨーロッパに赴任したり、社長になってからは外国企業のトップと交渉したり、外国人社外取締役と議論したりする機会が増えましたが、ボストンでの異文化体験が大きな糧となっています。

すべては大みかで学んだ

振り返ってみると、大みか工場は、私という人間の基盤を構築し、ビジネスパーソンとしてのそれぞれの段階で身につけるべき心の構えやスキル、テクニックを授けてくれた学びと成長の場でした。一言で言えば、経営者東原の孵卵器のような場所です。経営のアイデアの原型を授けてくれたのが、大みか工場での数々の経験でした。

日立を率いるようになって打ち出したBU制や自律分散型グローバル経営などの施策や理念のアイデアの原型は、すべて大みか工場に詰まっていました。私は成長が趣味のような人間ですから、自分の成長を実感できる日々は刺激的で、毎日が楽しくて仕方ありませんでした。

入社当時の大みか工場には、まだ、日立工場出身者と国分工場出身者の対立が残っていました。そんな中で「これではだめだ、大みかとしてまとまっていこうよ」ということで、GO綱領が作られ、GO運動が起こっていました。私が推進した「One Hitachi」のルーツはそこにあります。

エンジニア時代はコンピュータープログラミング、自動車工場のオートメーション工程制御、タバコ工場の紙巻システム、鉄道の運行管理システム、電力の送配電システムなど数えきれないほどの業種の現場で働きました。現場が変わるたびに人と出会い、それまで知らなかった業界についで学んだり、経験のなかったトラブルを解決したりして、成長していくことができました。このときの経験がなければBU制は発想していなかったと思います。

エンジニアとして国内外を駆け回っていたころ、私はいつも、自分は日立の代表と思って働いていました。日立の一員であることに誇りも持っていました。私の専門はコンピューターですが、得意先で日立の悪口を聞くと非常に腹が立ちました。悪口を言った人にではなく、悪口を言われるような製品を作っている部門に対してです。

中国に出張したとき、

「新しいビルを建てる予定なんですけど、エレベーターは日立製じゃありませんよ。営業が来ませんから」

そう聞いたときには、すぐに担当部署に電話を入れ、

「なんで、営業に行かないんだ」

そう文句を言ったこともあります。

外に出たら自分は日立の代表。だから、改善するべき点がみつかれば、部署や担当が違っても、外で得た情報は担当にフィードバックするのが当たり前だという考えが染みついていました。

留学から帰ったあと、証券取引所の新システムを開発するプロジェクトリーダーを命じられました。部下100人が関わるプロジェクトです。重責でしたが、ボストンで学んだ「メンバ

ーをエンカレッジするプロジェクトマネジメント」が即、実践できるのは嬉しかったです。

読書習慣と運命鑑定

44歳の年に大みか電機本部交通システム設計部長になって生活が一変しました。課長も管理職ですが、現場のトップというポストで、現場を駆け回っていました。ところが、部長の仕事で重要なのがお客さま対応です。夜のスケジュールは取引先の接待で埋め尽くされます。40歳を過ぎてエンジニアから営業に転職した気分でした。

それまでは夜の時間を読書にあてていましたが、酔っ払って帰ってきたのでは勉強になりません。それで、朝4時ごろに起きて読書の時間にあてることにしたのです。仕事に疲れて帰宅してからの勉強よりはかどりました。

読書といっても、何か明確な目標や目的があってのことではなく乱読です。哲学や歴史から科学、宗教、文学などあらゆる分野の古典や新刊書を読み漁りました。おかげで、社長となって各国の指導者や要人、企業家の方々と知己を得るようになってからも、話題に困ったことはありません。

部長になると部屋をもらえます。部長室です。が、私は要りませんと言いました。

「その代わりに、窓側に並んでいる課長と主任技師の席の真ん中に座らせてください」

同じフロアで仕事をしていれば、常に設計者たちの顔が見えるからです。

人が集まってがやがやしているのは、何かうまくいっていない兆しです。プロジェクトの工程がうまくいっていない、品質が基準に達していない、受注で問題を抱えているなど、何かトラブルがあると人が集まります。そういう姿を毎日見ている間に、課題を察知する嗅覚や眼力が自然と身についたのだと思います。その自信がなければBU制ですべての事業を社長直轄にするというような大胆なことはできませんでした。

部長時代にはあと2つ新しいことを始めました。1つは週1回、全責任者を集めてのミーティングです。工程管理、品質管理、収益管理の状況を報告させ、遅延やトラブルなどの対応を指示しました。BU制の月1度のBU長会議は、これにルーツがあります。

もう1つは「ITオリンピック」です。詳しくは第9章に譲りますが、2000年のシドニーオリンピックの年に、IT製品のアイデアを募り、最優秀賞受賞者にはシドニーへのペア旅行をプレゼントするというイベントです。ボトムアップ経営のルーツはここにありました。

仕事とは関係のない大みか時代のエピソードを1つだけ紹介します。部長になってそう間もないときのことです。

出張で大阪に行く機会がありました。2000年の1月です。そのとき、同僚に連れられて大阪の北新地の運命鑑定が当たると有名なバーに行きました。名前と生年月日を伝えると、分厚い本を見ながらママさんはこう言いました。

「将来、あなたは日立製作所の社長になります」

「あなたは今のポストからすぐに異動になります」

私は同僚と顔を見合わせました。

「そんな、もしかするとどこかの工場の工場長か子会社の社長になれる可能性くらいはあるかもしれないけど、日立の社長なんて絶対にないですよ。それに、まだ部長になって1年も経っていないんですからね。すぐに異動なんてありませんよ」

私は笑って受け流しました。ところが、半年後には、情報制御システム事業部電力システム設計部長に異動になりました。辞令を受けたとき、

「あれ、鑑定当たっちゃったぞ……」と苦笑しましたが、まさか社長になるという鑑定まで当たるとは思いませんでした。

鑑定や占いの類はばかにできない、などと言うつもりはありませんが、今思い出しても、ちょっと愉快なできごとでした。

内田さん

大みか工場に関連して、もう1つだけぜひ書き残しておきたいことがあります。新人時代から十数年仕えたソフト検査課の課長だった内田芳勲さんのことです。

会社にはいろいろな人がいます。会社は社会の縮図です。ドラマによく出てくる上司の典型は「失敗は部下の責任、部下の手柄は自分の手柄」といったタイプです。そういう上司は自分の出世のことしか頭になく、優秀な部下を決して手放そうとしません。

内田さんはその対極にある人でした。部下の手柄を自分の業績のように吹聴することはない代わりに、部下の失敗は自分の失敗として責任を負う人でした。

新人時代、初めて担当した住友セメントのシステムでトラブルを起こしてしまった話をしました。大切な顧客でしたから、製品に合格の判を押したソフト検査課は幹部から大変な叱責を受けました。そのとき内田さんは、

「自分の指導が悪くて大変申し訳ない」

と頭を下げ、責任を部下の私に押し付けることは決してしませんでした。

留学に快く送り出してくれたのも内田さんです。当時の私はそれなりに成長し、課内では内田さんの片腕くらいの自負は持っていました。課員を留学に出すということは、課にとっては戦力ダウンです。部下の留学を喜ぶ課長はあまりいません。ソフト検査課にとって課員を留学に送り出すことは初めてのことでもありました。

年齢的に最後の機会だからと留学試験の受験を願い出た私に、内田さんは、

「東原君、ぜひ、がんばれ。検査部で過去に留学したやつはいない。君が合格して先鞭をつけたら、あとに続く課員が出てくるかもしれない。留学は大事だ」

と、背中を押してくれたのです。こんな上司を持つ幸運にはなかなかめぐりあえるものではありません。私だけではなく、周りのすべての人々に愛情を注ぎ、尊敬されていました。内田さんは大みか工場の品質保証部長や関連会社の役員などを歴任し、退職後は「コミュニティＮＥＴひたち」という、一般市民にパソコンやタブレット、スマートフォンなどの最新技術を教えたり、地域の企業に新しい機器や設備の導入を支援したりするＮＰＯの代表を務めました。ちなみにコミュニティＮＥＴひたちは、日立グループとは無関係で、「ひたち」は地名の日立です。内田さんとは今も親しくさせていただいています。

新人時代の工場長の伊沢さん、課長の内田さん、メンターだった中西さん、歴代の工場長……。部下を大切にする熱く厳しい上司の方々との出会いがなければ今の私はいませんでした。

赤字子会社の経営再建

そんな私にも、大みかを卒業する日がやってきました。

情報制御システム事業部長を２年間務めた後、２００６年の４月、理事職で情報・通信グループのＣＯＯに就任しました。２００７年４月には執行役となり、電力グループのＣＯＯを任されました。

２００８年４月から２０１０年３月までの２年間はドイツに赴任し、日立パワーヨーロッパ

（ＨＰＥ）の社長を務めました。２００３年に日立が旧バブコック・ボルジッヒ・グループの発電エンジニアリング部門を買収し、２００６年に社名変更して設立された会社です。約１０００人の社員を抱え、日立製のタービン・発電機やボイラーのほか、工事を含め、ワンストップで火力発電プラントを設計・建設していました。

実務はドイツ人ＣＥＯが取り仕切っていましたが赤字が続いていたため、私が送り込まれたわけです。

赴任して最初の仕事は、実態把握です。事実を知れば知るほど恐ろしくなりました。赴任から半年も経たないうちに、５億ユーロ（約６５０億円）の資本注入をしなければ債務超過になるという〝倒産寸前〟の状態だったからです。

10月から月2回、ドイツと日本を往復し日立本社と対応策を検討しました。会社を潰すか、資本注入のどちらかです。そして、12月の経営会議で5億ユーロの資本注入を審議するという方向が決まりました。ＨＰＥはヨーロッパで多くの火力発電所を造っていましたから、倒産となれば損害賠償だけでも大変な額になります。経営会議の資本注入やむなしという結論を聞き、ホッとしました。

ドイツに戻った私は、全社員を集めて、

「日立が資本注入し倒産は免れました。これからしっかり会社を立て直しましょう」

と、会社の継続を報告しました。社員たちは、

「これで楽しいクリスマスが迎えられる」

一様に喜び、士気も高まりました。

一方で、本社の電力グループからは、「ドイツの会社の赤字のために、どうして自分たちのボーナス評価が下がるのか」との声も聞こえてきました。こうした不満はもっともで、一刻も早くＨＰＥの黒字化を成し遂げなければならないと、強く思いました。

実態を把握してもう1つわかったことは、ＨＰＥは別に不採算のプロジェクトばかりを請け負っているわけではないということでした。

多くの企業もそうしているように、日立では、プロジェクトの進捗に応じた売上や利益を計上して事業を管理しています。これは「進行基準」と呼ばれています。ところが、ＨＰＥはドイツの会計基準に基づき、プロジェクト終了時に計上する「完了基準」で管理していました。数年にわたる事業であっても、「最後に黒字であれば、四半期ごとの決算が赤字でも問題ない」という意識が強く、業績のこまめなチェックが徹底されていませんでした。

完了基準だと、プロジェクトの初期の段階でコストが発生するような問題が生じても、解決が先送りされがちです。結果として、完了時点で締めてみたら大変な赤字になっていた、という危険性が高まります。そこで、全プロジェクトの進捗、業績見通し、課題を定期的にレビューする会議を義務付けました。マインドの転換です。

ＨＰＥは経営陣の安全意識も日本と大きく違っていました。ドイツ人経営陣の価値基準は

「利益が一番」。コスト意識が強い半面、品質や安全は二の次でした。

彼らは「利益の最大化が最も重要で、安全や品質は絶対的なものではない」とも主張していました。しかし、私は繰り返し、

「優先順位は、『安全（Safety）>>品質（Quality）>納期（Delivery）>コスト（Cost）』だ」

と指導しました。安全と品質の間の不等号を二重にしているのは、それほど安全が重要だということを理解してほしかったからです。

当初、合理性を重視するドイツ人経営陣にはなかなか理解してもらえず、議論は平行線をたどりました。ところが、不幸なことに発電所の建設工事現場で死亡災害が発生します。工事は数カ月ストップしてしまい、納期は遅れコストは跳ね上がってしまいました。不幸な事故がきっかけではありましたが、その後、安全に対する意識は変わり、社員にも「安全最優先」の考えが定着していきました。

ＨＰＥの経営会議は英語で行われましたが、社員集会ではドイツ語でスピーチする必要があったため、ドイツ語のレッスンにも通いました。ドイツ語会話を習い始めたころの金曜日のある日、終業後のエレベーターに社員と乗り合わせました。降り際に、

「シェーネス　ボヘネンデ（よい週末を）」

と習ったばかりのドイツ語で挨拶すると、先にエレベーターから出ていた社員はにっこり笑

いながら振り返り、

「イーネン　アオホ（あなたもね）」

と、挨拶を返してくれました。片言であっても、その国の言葉を使うことで心を通わせることができるのを実感しました。

川村さんからは「黒字になるまで帰国させない」と言われていましたが、HPEが2009年度の決算で黒字転換したので、2010年の4月に帰国することになりました。次に派遣されることになったのが日立プラントテクノロジーです。

子会社こそ誇りを持って

日立プラントテクノロジー（HPT）は、水処理システムや産業プラント、空調設備といった社会インフラの設計・施工等を手掛ける会社です。川村改革で上場会社から日立の完全子会社になっていました。私の任務は、HPTと日立の社内カンパニーのインフラシステム社を一体化し、プラントの設計、製作、工事まで、ワンストップで提供できる組織にすることでした。

日立は親会社ですから、資本の力で強制的に統合するのは簡単です。が、それでは社員の気持ちはついてきません。社員と接するうち、統合されれば資本関係のみで指揮命令系統が決まり、HPTの社員の能力は適切に評価されないのではないかという不安があることも感じました。

　コンピューターが専門で制御系のシステムに携わってきた私には、正直、ＨＰＴの現場のことはよくわかりませんでした。そこで、まず現場を知ろうと考えて、第一線の責任を任されている課長職の人たちと意見交換のための会合を徹底的に繰り返しました。

　会合といっても飲み会です。ＨＰＴには連結子会社も含めて７０００人近くの社員がいて、課長職は４５０人はいたでしょうか。20人ぐらいずつの飲み会を約１年続けました。

　飲み会では、私の考えを語り、現場の意見に耳を傾けました。飲み会を繰り返すうちに、現場には立派な社員がいるのに必ずしも処遇されていないケースがあることに気付きました。

　総務に聞くと、

「ああ、あの人ですか。昔、失敗して以来、査定評価が悪く主任止まりで、課長には昇格できていません」

　といった説明でした。

「一度の失敗で一生昇進できないようでは社員が腐ってしまうじゃないか」

　私はちょっと納得いきませんでした。会社としても社員の能力を最大限に生かすこともできません。すぐに、「これは」と思った社員を課長に指名しました。各事業本部長の頭越しでしたが、社長権限でやりました。

　社員の査定制度も、それまでの各本部単位での人事評価だったのを、各部の社員の評価をすべての本部長の前で公開して、公平性が担保できる形に変更しました。本部単位の評価でサイロ化していた査定の見える化ですね。各社員の査定の適切性をオープンに検討し、さまざまな意見を戦わせることで評価に客観性を持たせることが狙いでした。

ＨＰＴは近い将来に日立本体と一体化することが決まっていました。そのときに、ＨＰＴの社員にいかんなく実力を発揮してもらうためには、ＨＰＴで働いてきたことに誇りと自信を持ってもらうことがとても重要だと考えていました。当時のＨＰＴは産業プラントや空調設備の海外展開に積極的に取り組んでいましたから、その事業を成功させ社員に自信を持ってもらうことに注力しました。

２０１３年４月に、ＨＰＴは日立のインフラシステム事業部門に統合され、私は執行役専務としてインフラシステム社の社長に就任しました。そして、１年後の翌２０１４年４月に、日立製作所の社長に就任することになります。

第6章　ロスコストの清算

ホライズンプロジェクト

２０１６年にＣＥＯを引き継いだ際、日立は解決すべき大きな課題を抱えていました。ロスコストの削減です。

当時、日立は英国の原子力発電事業と南アフリカの火力発電プロジェクトで膨大なロスコストを抱えていたのです。ロスコストとは、利益を生まない事業のコストです。放置しておけば、企業の経営体力は奪われ、成長のための投資もままならなくなります。２つのプロジェクトの清算は喫緊の課題でした。

英国で進めていた新規原子力発電所建設プロジェクトは、英国政府のエネルギー政策に貢献するとともに、日本の原子力産業を支える事業基盤の維持・強化のために旧経営陣が取り組んだプロジェクトです。英国での原子力発電所建設に参入するため、日立は2012年に英電力会社 Horizon Nuclear Power Limited（ホライズン）を約900億円で買収しました。ホライズンの下でウェールズ北西岸に位置するアングルシー島に、英国の環境基準に適合するように改良型沸騰水型原子炉を開発して原子力発電所2基を建設し、電力の販売も含め英国で電力事業を展開する計画でした。ただし、買収時にはホライズンに出資の意向を示すところもいくつかあったため、将来的には出資者を募り、日立の出資比率を下げる方針でした。また、日立はあくまでも電力会社ではなくプラントメーカーなので、欧米で原子力発電事業の経験のあるパートナーを見つける計画でした。

社内ではホライズンプロジェクトと呼んでいました。しかし、電力の販売を開始できるのは早くても2025年ごろで、10年以上も先の話でした。その間に、開発費用も積み上がり、にっちもさっちもいかない状況に陥ってしまっていたのです。

プロジェクトを継続するか撤退するかについて取締役会で激しい議論を繰り返しました。

「原子力は社会に不可欠なエネルギー源だ。人財確保のためにも続けたい」

こう事業継続を主張する取締役もいる一方で、

「エネルギー源として不可欠だけれど、一企業で進めるには限界がある」

「経済合理性のない事業をいつまで続けるのか」

「株主にとって損失だ」

こう言って撤退を求める取締役もいました。

はっきりしていたのは、日立が開発費用をこれ以上負担し続けてプロジェクトを継続するのは不可能だという事実です。そのため、事業継続のためには英国政府に開発費用の一部を負担するスキームを作ってもらうことが不可欠だという点ではみな一致していました。

ホライズンの資産が連結決算で日立の貸借対照表に入ってくると経営を圧迫する恐れがあるため、別の投資家に資本注入してもらうなどして、ホライズンを日立グループの連結からはずすことも必須でした。しかし、英国での洋上風力の売電価格の大幅な低下や、フランス・フィンランド・米国での原子力発電所建設プロジェクトで建設段階におけるコスト増加が発生し、原子力発電所の建設リスクがクローズアップされるなど、買収時点から事業環境は大きく変化していたのです。原子力発電に対する投資意欲が冷え込み、出資金集めは難航していました。

また一方で、仮に継続するにせよ、日立には電力販売のノウハウがないのですから、発電所の建設から電力の販売まで全部やるのではなく、発電会社と製造会社を分離して、日立は後者、すなわちモノ作りだけに専念できるようなスキームを構築する必要もありました。こちらは、米国大手電力会社と原子力発電所の運営に関する協力関係を結ぶなど、スキーム構築を進めていました。

取締役会での議論の末、

・民間企業としての適切なリターンの確保（日立の成長に貢献するプロジェクト利益を確保す

る）

・日立のオフバランス化を前提とした財務モデル（ホライズンを日立グループ連結からはずして持分法適用会社とする）

・民間企業として許容できる出資範囲（日立のバランスシートやキャッシュフローに大きな影響を与えない規模とする）

この3つの条件が揃わない場合は、経済合理性がないため事業を凍結するとの結論を得ました。

ホライズンプロジェクトは、英国のエネルギー政策、日本のインフラ輸出政策に関わる国際プロジェクトであり、政府が開発費の一部を分担したり融資したりするスキームを作ることには一定の合理性があります。原子力・電力事業担当副社長の西野壽一さんに交渉をお願いし、英国政府に何度も掛け合いましたが、開発費負担に関する交渉は難航しました。

3つの条件が満たせなくなったのです。やむなくプロジェクトの凍結を決め、2019年1月に公表しました。翌年には事業運営からの撤退を発表しています。

失敗の本質

決断にあたってはかなり迷いました。日立が英国での原子力発電所建設を止めるということは、日本が原子力発電事業の輸出から退くということも意味したからです。しかし、一私企業がそれ以上の負担を背負うことはできないと判断しました。

取締役会で撤退の方向を決断してから公表まで約1カ月ありました。その間、西野さんには水面下で、省庁や英国ビジネス・エネルギー・産業戦略省との調整に汗を流してもらいました。

損失は約3000億円でしたが、継続した場合のロスコストを考慮すると、正しい経営判断だったと思います。プロジェクトを続けていたらロスコストはさらに膨らみ、成長のための投資ができず、今の日立はなかったはずです。

ホライズンプロジェクトは難しいプロジェクトだったと思います。日立は1950年代から原子力発電技術の開発に取り組んできましたが、日本の事業ではモノ作りをするだけでした。ホライズンを買収し、ノウハウのない発電や販売まで「やろう」「やるためには何が必要」「こういう体制があればできる」としてプロジェクトを進めましたが、経験がない中、政治や政策も絡む原子力発電事業開発の難度に対する見極めや判断が甘かったと言わざるを得ません。

ホライズンの買収を決めた中西さんには、日本の原子力技術の基盤を維持・強化しなくてはならないという、強い使命感があったのだと思います。福島での事故以降、国内では原子力発電所の新設どころか、継続稼働も難しい状況でした。しかし、それでは技術が失われてしまいます。

もちろん、原子力発電関連の仕事をしている日立の社員たちの仕事が失われてしまうのではないか、そんな恐怖心もあったに違いありません。日本で造れないなら、技術継承のためにも原子力発電事業はグローバルに展開する。その方向性は間違っていなかったと思います。

けれど、英国におけるビジネスモデルが脆弱でした。日立の原子力チームは、決まった予算の中でプラントを造り、合理的に利益を生み出す能力には長けていましたが、販売とモノ作りを分けてしっかりとしたビジネスモデルを作り切れませんでした。また、当初は見込まれた経済合理性も、事業環境の変化を織り込めておらず、英国政府との交渉を通じた解を出すことができませんでした。

このように、ホライズンプロジェクトは撤退の決断を下さざるをえませんでした。一方で、脱炭素社会の実現に向けて、原子力発電はベースロード（基幹電源）として有効なエネルギーだと私は考えています。

このプロジェクトは日立の経営として大きな反省ですが、技術開発や安全性向上のノウハウは蓄積することができました。現在、原子力ＢＵでは福島原子力発電所の廃炉や、国内原子力発電所の再稼働に向けた基準対応などの業務に邁進しながら、次世代炉の開発や廃棄物の有害度低減などの技術開発にも取り組んでいます。

南アフリカプロジェクト

もう1つの課題は南アフリカで進めていた火力発電プロジェクトです。

CEO就任直前の2016年3月、三菱重工業から日立に約3790億円の請求が届きました。三菱重工業と日立が双方の火力発電システム事業を統合して設立した三菱日立パワーシステムズ（MHPS）に引き継がれていた南アフリカのプロジェクトの事業停滞によって生じた損害の賠償を求める請求でした。

南アフリカプロジェクトは、南アフリカ共和国北東部のレファラーレ市一帯で12基の石炭火力発電所を建設するプロジェクトでした。南アフリカ国営電力会社の発注で、日立パワーヨーロッパが2007年から2008年にかけて5700億円でボイラー設備を受注しました。私も正式受注の際には日立代表として契約書のサインに立ち会った、縁のあるプロジェクトです。

南アフリカの発電所建設計画は地域振興策の一環の事業でした。電気が不足している地域に発電所を造り、学校も造るというすばらしい計画でしたが、プロジェクトはしばしば停滞しました。設計が想定通りに進まなかったり、契約条件に齟齬があったり、現地の下請け会社で労働争議が起こったりと、さまざまなトラブルが重なったのが原因です。プロジェクトマネジメントが不十分だったということです。コストもどんどん膨らんでしまいました。

一方で、日立は火力発電システム事業を三菱重工業と統合すると決断し、2014年2月に合弁会社MHPSが設立されました。詳細は第4章に記した通りです。国際競争力を強化することが狙いでした。

南アフリカプロジェクトも新会社に引き継がれました。しかしそのころには受注額の5700億円に対し、コストは膨れあがっていました。請求は、「合弁前の事業の損失は、受注した日立が補塡するのが当然」という考えでのことだったと思います。

請求額は翌2017年1月には7634億円、7月には7743億円へと増額されていきました。が、日立としては、新会社に引き継がれたプロジェクトの赤字をすべて引き受けることには納得がいきませんでした。三菱重工業は仲裁を求め、交渉は長期化していきました。

あと1年遅かったら……

MHPSの株式は三菱重工業65%、日立35%の比率で、設立時点で事業は三菱重工業が主導することになっていました。問題を放置していてはさらに請求額が膨らむ可能性もあります。また、損害の全額を負担するのは納得できないとしても、合弁前にすでに見込まれていた損害の請求は理にかなっているとも考えていました。

そうしたことを総合的に考えて、三菱重工業と和解し、さらに日立が草創期から育ててきた火力発電システム事業から離れることを決断しました。

和解に際しては、早期解決を重視しました。当時、面談を重ねていた海外の投資家との議論の中で、

「投資家から見ると、MHPSの株式を全部譲渡して、キャッシュアウトミニマムで解決するのが最善策」

との意見を聞き、私もそれが合理的だと考えました。

2019年12月に和解は成立しました。日立が保有するMHPSの全株式を三菱重工業に譲渡し、和解金2000億円を支払うという条件でした。和解金のうち700億円は日立が保有していたMHPSの債権を譲渡して相殺したので、実際に支払ったのは1300億円ですが、大きな金額です。

和解は正しい経営判断だったと今も考えています。手痛い損失ではありましたが、経営に深刻な影響を及ぼすことはありませんでした。

ホライズンプロジェクトの凍結を決めたのは2019年1月、三菱重工業と和解したのは同じ年の12月です。あわただしい1年でしたが、これで経営を圧迫していたロスコスト問題に決着がつき、ずいぶんと身軽になることができました。

今振り返ると、僥倖としか言えないタイミングでした。翌年から全世界がパンデミックに見

舞われることになったからです。

18中計を経て、会社は営業利益率8％を維持できる力をつけていました。ルマーダも成果を上げ始めていました。ですから、コロナ禍でも経営は微動だにしないと自信を持っていました。ただ、それまでにロスコストが清算できていなかったら、どうなっていたかわかりません。世界経済をコロナ禍が直撃したあとでは、ロスコストを清算することはできなかったと思います。私は、そうとは知らずに薄氷を踏んでいたのかもしれません。本当に幸運でした。強運だったのかもしれません。

第7章　グローバルナンバーワンへ ——日立グループの再編

ライトアセットへ転換せよ

日立は２０１６年から８社の上場子会社の売却や非連結化を行ったほか、画像診断関連事業をはじめ資産の売却を行ってきました。売却価額は合計で２兆円以上に上ります。

一方で、日立ハイテクなどルマーダと親和性が高く、社会イノベーション事業を進展させるために必要と判断したグループ会社は、完全子会社化したり合併したりしました。

いわゆる日立グループの再編です。その結果、２００８年度末には22社あった国内の上場子会社は、２０２２年度にはゼロになりました。

社会イノベーション事業の拡大や、世界ナンバーワンの事業を育てるために必要だと判断した買収も積極的に行いました。日立ハイテクなどの完全子会社化のためにも株式を取得しましたから、総投資額は3兆5000億円以上になりました。

CEO就任前の2015年度末の日立の総資産は約12兆6000億円ですから、再編のインパクトの大きさがわかると思います。これも、社内革命といってよいほどの大改革だったと思います。大赤字を出したあとの2009年以降、グループ連結の売上は9兆~10兆円規模で推移していますが、この間の事業売却と買収で、その売上のうち実に30~50%が入れ替わっているのです。

中でも、日立グループの再編は大仕事でした。基本方針は、事業環境を踏まえ、事業の将来の成長を見据えて、どのような形にするのが日立グループ、そして当該事業にとって望ましいか。完全子会社化し取り込むか、日立グループよりも大きな事業成長を実現できるパートナーを見つけて株式を一部またはすべて譲渡し、非連結化するかです。

2016年には日立物流と日立キャピタル、2017年には日立工機と日立マクセル、2018年には日立国際電気、2019年にはカーナビ事業のクラリオンなどの売却・非連結化を行いました。

さらに、2020年には日立化成、2021年には画像診断関連事業、2022年から2023年にかけては日立建機と日立金属を売却しました。かつて「日立御三家」と呼ばれ、日立グループの成長と発展を支えてきた日立化成や日立金属も含まれています。各社の売却には身を切るような痛みを伴いましたが、それぞれの事業の未来の成長のために決断しました。

上場会社の経営は、いかに当期利益を増やすか、ＥＰＳ（１株当たり当期利益）を上げるかです。優良なグループ会社をたくさん連結してすばらしい営業利益を上げています、しかし実際には少数株主に利益がどんどん流れて、当期利益は大したことがない……そんな経営がよいとは思えません。

言うまでもありませんが、経済のグローバル化の急速な進展により、ビジネスの世界はどの分野であれグローバルな競争力を持たなければ淘汰される時代となっています。日立もその中で戦っています。ＣＥＯ就任以来、私は中西さんの方針を継承し、ルマーダが象徴するデジタル技術を活用した社会イノベーション事業を中心とした、課題解決・サービス提供型ビジネスに重心を移す方針で諸改革に着手しました。

別の言い方をすると、ライトアセットへの転換です。ライトにはＲｉｇｈｔとＬｉｇｈｔがありますが、その両方です。つまり、適切かつ軽い保有資産への転換です。

資産の回転率を上げ、資本効率を高めることが企業経営においては重要ですが、１００％子会社でなくとも、連結子会社はすべての資産が日立グループ連結のバランスシートに計上されてしまいます。また、日立の成長をわかりやすく示すには、ＥＰＳを大きくすることに尽きますが、非支配持分（日立以外の株主）の利益は日立グループの当期利益には残りません。そのため、大きな資産を保有する〝重たい事業〟は整理し、保有資産の少ないサービス中心の事業への転換をめざしたのです。

第2章で、BU制をフロントBU群とサービス&プラットフォームBU、プロダクト主体の事業群の3層構造としたのは、プロダクト主体の事業やグループ会社の将来的な売却を見据えてのことだとお話ししました。すべて世界と戦うためです。国際競争力を強くするためです。

国際競争力を強化しなければ生き残れないのはグループ会社も同じです。そうしたビジネス環境の中で、サービス提供型ビジネスに重心を移していく日立グループに残るのと、外に出てほかのパートナーと関係を強化するのと、どちらが互いにとって最適解なのか。そこを選別の基準としました。

残るか出るか、残すか出すか

親会社は子会社に対して絶対的な力を持っています。過半数の株式を保有していますから、日立にとって必要な会社は残し、不要な会社は売却するという方法もありました。欧米のCEOなら躊躇せずにそうすると思います。

私は少し違うアプローチの仕方をしました。「この会社とこの会社を一緒にすればシナジーがある」という理論だけではグループ会社の中で反発が起こり、合理的な判断が難しくなるケースを見てきたからです。感情的な反発が起きると、うまく行くはずのことですらうまくいかなくなってしまいます。社員が「望んで一緒になる」と思えるかどうか。「一緒になったら、もっと大きいことができるな」という自覚を持ってもらえるかです。

これから劇的に変化していく日立に残るか外に出るか、残すか出すか。互いにとっての最適解を得るために、グループ会社のトップと徹底的に議論するところから、グループ再編をスタートさせました。

グループから去るにしても残るにしても、社員を含めたグループ会社のみなさんの大半が納得し、胸を張ってそれぞれの道を進んでいけるような方法を追求しました。そして、上場会社の将来の方向性を決めた段階で取締役会に諮り議論してもらいました。

たとえば、日立建機の社長だった平野耕太郎さんとは、日立建機がグローバルに成長するために何をすべきかを繰り返し議論しました。日立建機は油圧ショベルや鉱山向けの大型ダンプトラックなどを製造販売する会社です。

「これからの時代は、建設機械は所有せずにリース会社から借りて使う企業がいっぱい出てくるだろう」

「日立建機としては、金融機関などもパートナーとして、リースビジネスを展開したい」

「機械は日立建機の資産にするということ？」

それだと今でも10兆円ある日立の連結バランスシートの資産がさらに重たくなってしまう。Ｌｉｇｈｔじゃない。私のめざす方向とは違います。

■ 日立グループの再編
——2009年に22社あった上場子会社は2022年度には0社に

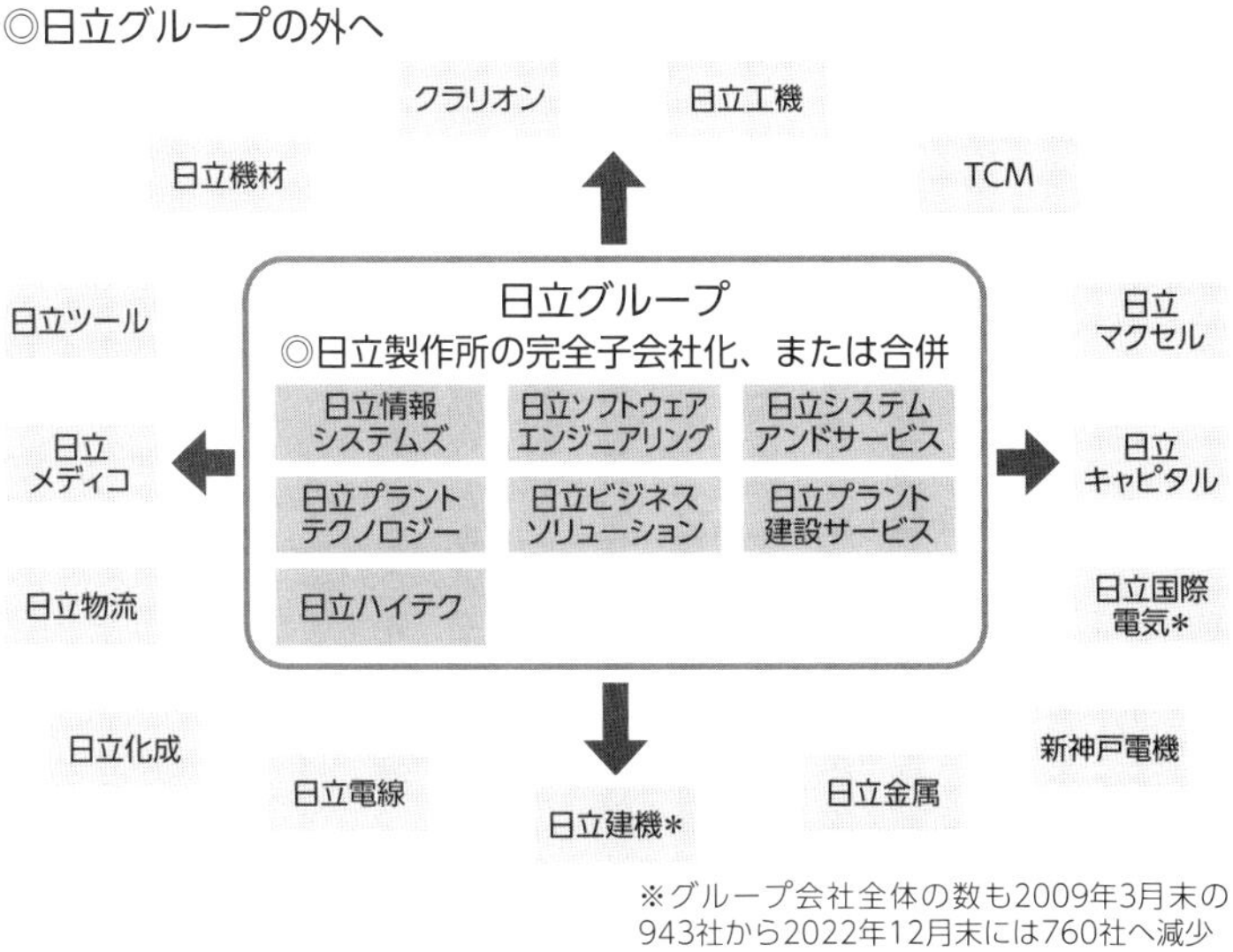

※グループ会社全体の数も2009年3月末の943社から2022年12月末には760社へ減少

(注) *は持分法適用会社。社名は当時のもの

ただ、日立建機の油圧ショベルの遠隔監視ソリューションなどは正しくIT・OT・プロダクトを組み合わせたルマーダソリューションです。ほかの多くの製品にも日立グループの電気部品を使っています。資本関係は残しておいたほうが双方にとって得策です。話し合いの結果、日立が51%を保有していた日立建機の株式の一部を売却して保有率を25%とし、日立建機は日立グループを離れるという結論に至りました。3年近くかけ、世界で戦える形を議論した上での結論でした。

闇夜で刺されることはない

日立化成は昭和電工に売却しましたが、それも5年後10年後の日立化成のことを考えてのことでした。日立化成は日立の化学製品部門が分社化して設立されたグループ会社で、かつて日立御三家と称された優良子会社です。半導体材料やリチウムイオン電池用負極材料、機能性樹脂材料など、工業製品の部品の材料を開発製造する会社です。

丸山寿社長とは、

「日立グループの中で、材料系の事業だけやっていたのでは成長は望めない。それよりも、エチレンやポリプロピレン、セラミックス、カーボンなど材料製品のもととなる材料を製造している昭和電工の傘下に入り、上流と下流の材料で一体となることで、グローバルに戦える形が作れる」

という議論に至り、売却を決断しました。現在は昭和電工と統合し、レゾナックと社名を変えて事業を継続しています。

同じように、他の上場会社の社長たちとも議論を重ねました。その結果、川村さん、中西さんの改革が始まった2009年には22社を数えた上場子会社のうち、社会イノベーション事業に親和性の高い日立ハイテクや日立情報システムズ、日立ビジネスソリューションなどの7社は合併か完全子会社化でグループ内に残り、プロダクト中心の日立工機、日立化成、日立金属などの計15社はグループを去ることになりました。

日立工機は１９４８年の設立、日立金属と日立電線は１９５６年、日立化成は１９６３年、日立建機は１９６９年に日立製作所から分社化して設立されたグループ企業です。長い伝統があります。

そうしたグループ企業の株式を売却し、グループを去ってもらうのは、心情的には辛いことでした。グループ会社に転籍した先輩も大勢います。どの会社も業績自体は悪くありませんでしたから「なぜ、東原は業績のいい会社を売ったりするのか」と反対するささやきも聞こえてきました。

逆なのです。業績がよいからこそ、今のうちに売るのです。サービス提供事業への重心移動を加速していった日立グループに残ったままだったら、必要な投資や戦略の実行ができず５年後には業績が落ちていったかもしれません。

恨んでいるＯＢの方々もいるかもしれません。しかし、闇夜で刺されることはないでしょう。日立のことだけではなく、双方の未来にとって最善の策を模索した結果だったからです。

矢継ぎ早の企業買収

上場子会社の整理と同時に、世界ナンバーワンの事業を育てるために、有力企業の買収も積極的に断行しました。

２０１７年に米国のサルエアーを約１５００億円で、２０１９年には米国のＪＲオートメーションを約１５００億円で買収しました。２０２０年代に入っても、２０２０年にスイスのＡＢＢからパワーグリッド事業を約１兆円で、２０２１年には米国のグローバルロジックをこちらも約１兆円で買収し、さらに２０２３年にはフランスのタレスから鉄道信号関連事業を約２０００億円で買収する計画です。

最初に買収したサルエアーは空気圧縮機（産業用コンプレッサー）の会社です。同じく空気圧縮機事業を展開する日立産機システムとの連携はもちろん、日立グループ全体でサルエアーの持つ米国でのセールスチャネルを使うのが目的でした。規模の小さなＢＵでは難しかった大型買収を副社長の主導で行った最初の例です。

次に買収したＪＲオートメーションは、工場の生産ラインなどを設計・構築するロボティクスＳＩと呼ばれる事業を展開する企業です。応用範囲が広いのが強みです。米国で自動車産業がもし斜陽になったとしても、医療系の製造プロセスにシフトしたりできます。実際、コロナ

■ 2009年度以降、売上の30〜50%に相当する事業を入れ替える

●日立グループ離脱・持分法適用会社化　年間売上(概算・当時)

火力発電システム事業	火力発電設備	5100億円
日立マクセル	電池・機能部材	1500億円
空調事業	空調設備	2000億円
日立物流	ロジスティクス	6800億円
日立キャピタル	ファイナンス	3700億円
日立工機	電動工具	1800億円
クラリオン	カーナビゲーション	1500億円
日立化成	高機能材料	6300億円
画像診断関連事業	画像診断設備	1400億円
日立建機	建設機械	1兆0000億円
日立金属	金属材料	9400億円

合計　4兆9500億円

●買収・完全子会社化　年間売上(概算・当時)

Ansaldo STS/Breda	鉄道信号・車両	2500億円
Sullair	空気圧縮機	500億円
シャシー・ブレーキ・インターナショナル	自動車ブレーキ	1100億円
JR Automation	ロボティクスSI	700億円
日立ハイテク	計測分析システム	7000億円
ABB (Power Grids)	パワーグリッド	1兆0000億円
ケーヒン／ショーワ／日信工業	自動車・二輪部品	8000億円
GlobalLogic	デジタルエンジニアリング	1000億円

合計　3兆0800億円
(日立ハイテク除き2兆3800億円)

(注) 主要な事業売却・買収案件の抜粋

禍のときにはマスクを製造するラインを作りました。

日本では、生産ラインは企業が自前で開発するのが一般的ですが、欧米では生産ラインのノウハウをロボティクスSI企業に外注するケースが増えています。JRオートメーションの顧客向けにも、日立のさまざまなルマーダソリューションを活用し、さらなる付加価値を提供できます。

一石三鳥――ABBからの買収

その次のABBのパワーグリッド事業は、買収金額約1兆円とぐっと跳ね上がりました。ABBのパワーグリッド事業は、直流送電や変圧器をはじめ世界ナンバーワンのシェアを誇っていました。

パワーグリッドというのは送配電網のことで、発電所で作られた高圧電力を、工場や一般家庭などの需要地まで、送電線や変電所、配電線などでつなぐネットワークです。この本でも同時同量の話をしましたが、電気はつねに消費量と供給量がつりあっていないと不安定になり、停電などにつながってしまいます。需給や電力品質をコントロールするのも、パワーグリッドの大事な役割です。

日立の電力部門でもパワーグリッド事業を展開していますから、ABBのパワーグリッド事業を買収すれば、日立をパワーグリッド事業で世界ナンバーワンの企業に育てることができます。電力事業では、火力発電システム事業から離れ、英国のホライズンプロジェクトからも撤退する方向でしたから、新たな事業が必要だという理由もありました。

パワーグリッド事業の買収にはルマーダの強化という狙いもありました。ＡＢＢは強い顧客基盤がありましたから、新たに獲得することになるお客さまに日立のルマーダ事業を展開したり、協創によりビジネスを拡大したりすることができます。

また、ＡＢＢは顧客の資産（設備）管理や稼働率向上などを支援する優れたソフトウェアを持っていましたから、それを取り込んで、ルマーダのソリューションを強化させることも期待できました。とくに、パワーグリッドに関するＡＢＢのノウハウをルマーダに取り込むことで、日立の鉄道分野や産業分野の顧客と協創し、新たなエネルギーソリューションの展開も期待できました。

さらに言えば、パワーグリッド事業の買収には自律分散型グローバル経営のノウハウ導入という狙いもありました。詳しくは次章で触れますが、ＡＢＢの経営は自律分散型の理念に非常に近く、日立にとって参考となることばかりだったのです。

悲願の世界ナンバーワンビジネスを作り、ルマーダも強くし、自律分散型グローバル経営ノウハウも手にする。ＡＢＢのパワーグリッド事業は一石三鳥の買収でした。

２０２３年にはフランス・タレスから鉄道信号関連事業の買収を計画していますが、これも、この分野で世界のトップを取りに行くのが狙いです。

鉄道分野では、日立は運行管理システムで確固たるポジションを築いています。車両も強い。しかし、いくらがんばっても国内では年間1500億円規模止まりです。そのため、英国に高速鉄道車両を納入したり、イタリアの鉄道システム会社のアンサルドブレダやアンサルドSTSなどを買収したりして、全世界で年間6000億~7000億円ほどの事業規模にはなりました。

しかし、鉄道事業で世界シェアを取るのは至難の業です。車両事業で言うと、中国の中国中車という会社の事業規模は年間4兆円ほどです。中国国内向けが中心ですが、規模ではとてもかないません。その点、高いシェアを誇るタレスの信号事業を買収すれば、この部門では世界トップが狙えます。

余談ですが、鉄道システム事業は2000年ごろから英国への進出を開始しましたが、現地での実績がないという理由でなかなかうまくいきませんでした。ロンドンからドーバー海峡の手前までを走る鉄道の通勤電車の車両をようやく初受注できたのが2005年、納入したのが2009年です。

この年、幸運なできごとが起きました。英国で大雪が降ったのです。ほかのメーカーの車両がバタバタ止まる中で、日立が納入した車両は止まりませんでした。理由は簡単で、日本では東北や北陸など豪雪地帯を走る車両を造っていますから、電気部品が雪で故障しないように設計していたのです。この一件で、英国国内で「品質の日立」だと信用が一気に高まりました。

ＡＢＢとの膝詰め談判

６年間の買収関連の話を一気にお話ししましたが、総額３兆円に上る一連の買収は、決して簡単なことではありませんでした。

企業や事業を買うということは、ショーウインドーから好きな洋服を選んで「これ下さい」というようなものとは違います。交渉にあたった担当者は身を削るような思いだったはずです。最終判断の段階では私も胃がキリキリと痛むようなことがありました。ＡＢＢのパワーグリッド事業の約１兆円は、日立にとっては過去最大の買収額です。容易には決断できませんでした。ＡＢＢとの交渉では、最後はＣＥＯのウルリッヒ・シュピースホーファーさんと２人だけで膝詰め談判しました。

ＡＢＢはスイスに本社を置く多国籍企業で、世界１００カ国以上で電化事業、産業自動化事業、ロボティクス事業、モーター事業などを展開していました。パワーグリッド（送配電網）部門の直流送電と変圧器などで世界一のシェアであるのは先ほどもお話ししましたが、ほかにも産業用ロボットでは世界４大メーカーに数えられていました。

きっかけは２０１８年１月のスイス・ダボス会議（世界経済フォーラム）です。そこで、Ａ

ＢＢ社のＣＥＯから面談のリクエストが来たのです。

「ＡＢＢはロボット事業などほかの産業分野に力を集中するため、パワーグリッド事業を売却する予定です。日立に買収する意思はありますか？」

思ってもみない打診でした。

世界でトップシェアの事業を育てることをめざしていた日立としては、喉から手が出るほど魅力的な話です。

Ｍ＆Ａは結婚のようなものです。スペックや条件が見合っても、相性が悪ければうまくいきません。互いの価値観や人生観のすり合わせも重要です。

価値観や人生観とは、企業にとっては企業理念や創業の精神です。それが水と油では、手を取り合って事業を展開していくことはままなりませんから、企業同士の親和性は非常に重要です。

その点、ＡＢＢとは２０１５年に日本国内の高圧直流送電システム事業の合弁会社を設立し協働していました。企業文化が似通っていることはわかっており、気心も知れていました。

「これは、どうしても成立させたい」

スイスから帰国してすぐ、ワーキンググループを作り、買収の検討に入りました。２０１８年４月ごろには、買収のプロジェクトチームを編成し交渉を開始しました。

交渉には半年ほどの期間を費やし、買収後に設立する合弁会社の持ち株の比率やＡＢＢの社員の待遇など諸条件は煮詰まりましたが、肝心かなめのＡＢＢのパワーグリッド事業の価値、つまり、買収額が決まりませんでした。最後はトップ同士で話し合うしかないということで、私がシュピースホーファーさんと膝詰め談判をすることになったのです。

２０１８年の10月7日、忙しいスケジュールの合間を縫ってチューリッヒに飛びました。午前10時10分成田発のフライトです。12時間強のフライトでチューリッヒ空港に到着しましたが、現地時間はまだ午後3時半。シュピースホーファーさんとの会談は翌日の午前11時からの予定でした。

自ら黒船を呼ぶ

交渉内容がＡＢＢ社内外に漏れないように、会談はＡＢＢではなく、近隣のホテルの会議室が用意されていました。雲が低くたれこめる中、身の引き締まる思いで早めに会場に向かったことを思い出します。

会議室には予定より早く到着しましたが、シュピースホーファーさんも同じ気持ちだったようで、会談は午前11時前から始めました。通訳も入れず、２人だけの差しの会談でした。

シュピースホーファーさんは身長１９０センチほどの長身のジェントルマンで、理路整然と話をされる方でした。ランチも食べずにノンストップで3時間以上、さまざまなことを話し合いました。

両社とも鉱山向けの電気機械などの製造から出発していますからルーツは同じです。社会に貢献するという企業理念も似通っていることや、ルマーダとパワーグリッド事業の統合は社会への大きな貢献になることなど、この買収が両社とその社員にとって、さらに社会にとっても益のあるものであることを、時間をかけて確認し合いました。

残るは価格だけです。会談前に、取締役会で買収価格の上限を決めていました。先方も下限を決めていたと思います。

企業価値の話になると、シュピースホーファーさんが沈黙してしまうという一幕もありました。率直に、いくらですかと聞くと、こちらの想定よりはるかに高い額を提示され、今度は私のほうが黙り込んでしまいました。

問題点を整理し、再び企業価値について議論し、最終的に110億USドルで合意しました。取締役会で定めていた上限に近い価格でしたが、合弁会社の株式保有比率の見直しなど、こちらが望むさまざまな条件を提示し、それを受け入れてもらいました。もちろん、正式には取締役会の承認が必要ですが、詳細を詰めたその条件で買収の判断を決しました。

「All done（これで、合意できますね）」

シュピースホーファーさんの言葉に、

「この条件なら、あなたも取締役会に説明できるし、私も取締役会の合意を得られそうです」

私はそう応じ、固く手を握り合いました。

ホテルを出ると、雲間から穏やかに日が差していました。その足で空港に直行し、現地時間の午後6時過ぎには機上の人となっていました。滞在時間27時間足らずの弾丸出張。さすがに疲れました。

帰国後、取締役会の承認を得て、12月17日に買収計画を公表しました。日立80・1%、ＡＢＢ19・9%の出資比率で合弁会社日立ＡＢＢパワーグリッド（のちに日立エナジーに名称変更）を設立するという合意内容でした。２０２２年度に追加で株式を取得し、１００%子会社化したため、最終的に総額１兆２０００億円以上の取得費用を要しました。

発表後の記者会見でも申し上げましたが、小が大をのみ込むこの買収は、自ら黒船を呼ぶような買収だったと思っています。日立が世界を舞台に飛躍するための買収でした。

「高すぎる買い物ではないか」

「うまくいかなかったらどうするのか」

などと心配もされましたが、私は結構冷静にそろばんをはじいていました。

ＡＢＢのパワーグリッド事業には工場や製品などの資産がありましたから、たとえ合弁会社が思惑通りに利益を上げられなくても、売却すれば損失は最小限に抑えられます。そこまで考えなければ、１兆円の買収はなかなか決断できるものではなかったと思います。

2万8000人のエンジニア集団

最後に、やはり1兆円で買収したグローバルロジックについても触れておきましょう。

グローバルロジックはデジタルエンジニアリングサービス企業です。お客さまがサービスをどのように体験するかというデザインから、実際のシステムなどの設計、開発までをグローバルのチームで高速かつワンストップで実行します。米国のマクドナルドの店舗で普及しているタッチパネル式の注文システムをデザインしたのもこの会社です。顧客はタッチパネルでパティの種類やトッピングを選んで、自分好みのハンバーガーを注文します。IDを登録すれば次からは自動的に自分好みにカスタマイズしたハンバーガーを注文できます。使いやすいデザインによってモバイルオーダーが普及したことで、顧客満足度は高まり、マクドナルドの業務効率は向上しました。

2025年の世界を考えると、通信網に5G、6Gが普及してITの世界は様変わりするに違いありません。今はクラウドコンピューティングがあって、工場でのエッジコンピューティングがあって、現場でロボットや設備が稼働するという階層構造でビジネス全体がコントロールされていますが、5Gの時代になるとデバイスの中にソフトがあって、直接クラウドと通信できるようになるはずです。自動車だと車自体がデバイスとなり、その中のソフトとクラウドが直接リンクできるようになります。

そういう時代に情報通信分野で競合他社と伍して戦うには、ＩＴ技術者の集団が必要です。日立にも銀行やインフラなどのミッションクリティカルなシステムを開発している技術者集団がありますが、５Ｇの世界を戦い抜くにはデジタル人財が全然足りません。デバイスからクラウドまで対応できる技術力やスピード感のある開発力、新たなサービスを顧客と協創できるデザイン力や、そこで培ってきた優良な顧客基盤も魅力でした。

「グローバルロジックには2万人以上のＩＴエンジニアがいる。彼らがいたら強い。１兆円出しても惜しくない」

そう確信しました。

顧客の頭脳となってＤＸを進める同社に魅力を感じて、グーグルやアマゾンといったビッグテック企業から転職する人も多く、ＩＴ業界では絶大な人気を誇ります。グローバルロジックはそれに満足せず、シリコンバレーはもとより日本、英国、ドイツ、インドなど世界各地に約３００人のリクルーターを配置しています。世界の約80大学と提携し講師として社員を派遣しているのも、リクルートの一環です。グローバルロジックのこうした人財獲得機能も魅力でした。２０２２年度時点で2万８０００人のエンジニアを擁していますが、年間数千人単位で増加し続けているのです。

グローバルロジックにはＡＢＢのような保有資産はなく、あるのは人財だけです。逃げ道はりませんからさらに厳しい判断でしたが、思い切って決断しました。取締役会では「高すぎる」と反対もありましたが、未来への投資だと理解していただきました。

一連の買収はいつも、日立がそれぞれの事業で世界一になる姿を思い浮かべながら判断しました。世界一になるためのミッシング・パーツをどんどん買収していった形です。

ＡＢＢからの買収によりパワーグリッド事業で世界一の企業となり、タレスから鉄道信号関連事業の買収が完了すれば、この分野でもトップとなります。「日立は世界でナンバーワンになれるのだ」という自信を培い、「Ｏｎｅ Ｈｉｔａｃｈｉ」で社会イノベーション事業の世界ナンバーワンをめざし、それを達成する。それが究極の目標です。

第8章　私の経営理念——自律分散型グローバル経営

世界の各拠点が自律的に動く

ここでは、私の一貫した経営理念についてお話ししたいと思います。自律分散型グローバル経営です。

一言で言えば、世界の各拠点が、日本にある日立本社の意思決定に基づくのではなく、オール日立に共通する理念やリソースを共有したうえで、それぞれが自律的に事業展開していくという理念です。

なぜなら、各拠点が互いに依存し合っていては自然災害や紛争などで地域情勢が短期間に劇的に変化した場合、共倒れとなってしまうリスクがあるから、というのが基本的な考えです。

１９１０年の創業から１００年超の歴史の中で、日立が活躍する舞台は日本から、日本を含むグローバルへと大きく飛躍しました。２０２１年度では、海外のグループ企業は６９６社に及び、総売上10兆２６４６億円のうち、海外売上は６兆０７７５億円と、全体の59％を占めています。これもすでに触れたことですが、全世界に30万人以上の社員がおり、海外が約６割を占めています。社長を引き継ぐ直前の２０１４年３月期時点でも、海外売上はすでに全体の45％を占めていました。

グローバルな競争に勝ち残り、日立が世界の競合企業に伍する「グローバル企業」に飛躍するために、必要なのはスピードです。各地域の状況やニーズを一番理解しているのは現地で働く人たちなのに、本社の意思決定を待っているようでは、時間がかかりすぎます。

そこで、地域ごとに総代表を置いて、権限の一部を委譲し、自律的でスピード感のある事業展開を促そうというわけです。各地域の総代表には、戦略立案や現地化の推進、経営資源の有効活用などに加え、成長が期待される新たな事業分野に対する投資権限、回収および損益責任を待たせ、自律的にビジネスを主導してもらう。そういう構想です。

第３章でお話ししたように、社長就任後、この自律分散型グローバル経営の考えを公表しました。しかしこのときは準備が足りていませんでした。

世界の各拠点が、自律分散を「自分たちで独自にビジネスを展開してよいということ」なのだと誤解し、それぞれが顧客に近いところで独自のビジネスを展開し始めてしまったのです。日立アメリカとか日立アジアという名称に「本社」を加えて、日立○○本社と名乗り始めた拠点もありました。

各地域が独自にばらばらのビジネスを始めるのは非効率ですし、それは自律分散型グローバル経営とは無縁の発想です。

グローカルという言葉がありますが、各拠点がローカルで始めたビジネスの成功体験やノウハウをほかと共有して、グローバルに最適化したビジネスを展開するのが、自律分散型グローバル経営の肝です。が、「グローバルに最適化する」という点が理解されていませんでした。

そのため、自律分散型グローバル経営の旗を振るのをいったん控え、自律分散による非効率をなくすために、まず、共通のデジタル・プラットフォームを構築することにしました。それがルマーダでした。

原点はATOSにあり

自律分散型グローバル経営というアイデアの源となったのは、ほかでもない東京圏輸送管理システム（ATOS）です。

ATOSは大みか工場時代に私も担当したJR東日本の鉄道運行管理システムです。従来は手動で切り替えていた信号を自動制御するものです。第5章で導入にまつわる失敗談をお話ししたときは、複雑になりすぎるので割愛しましたが、このATOSこそが「自律分散型」のシステムなのです。

信号機の自動制御システムに限らず、制御コンピューターのシステムは、大きく2つに大別されます。

1つは、権限を中央のコンピューターに集中させ、ネットワークでつないだ末端のコンピューターに指令を送って全体を統一的に制御する中央集権型。

もう1つは、中央のコンピューターから送られてくる情報をもとに、末端のコンピューターが管轄する範囲だけを自律的に制御する自律分散型です。政治の世界に中央集権型と地方分権型があるのと似ています。

後者の自律分散型システムには均質性、制御性、協調性という3つの特徴があります。末端のコンピューターに搭載されている仕組みはどれも同じです。それが均質性です。つまり、「こんな電車が来たら、こういう制御をする」というアルゴリズムは一緒です。それぞれのコンピューターのプログラムは共通していて、異なるのは入力されている設定値だけです。

ATOSの場合は、各駅のコンピューターには共通の情報のほかに、それぞれの駅のダイヤ（時刻表）や列車の遅延や事故が発生したときの対処法などの情報が入力されています。

2つめの制御性とは、末端の各コンピューターが、中央の指令に基づいて動くのではなく、自律・独立して管轄範囲を制御することを指します。ATOSで言うと、中央司令部の指示を待つことなく、各駅のATOSが判断して「早く2番線に入れ」「早く1番線を通過しろ」と適切に指示できます。リアルタイムなレスポンスが可能になります。

最後の協調性とは、言葉を変えると「ほかに迷惑をかけない」システムという意味です。中央集権型だと、末端のコンピューターのどれか1つが故障すると中央のコンピューターにも影響が出て、結果的にシステム全体が止まってしまう危険があります。自律分散型なら、1つのコンピューターが故障したところで全体のシステムには影響しません。

ATOSで言うと、どこかの駅のシステムが故障しても、全線不通になることはないのです。その駅への運行だけ止め、両隣の駅を起点とした折り返し運転に切り替えたり、遅延ダイヤを瞬時に作成したりして、路線全体への影響を最小限にとどめることができます。またその際には、関連する各駅のATOSも協調してトラブルに対処します。これも別の意味での協調性です。

経営のエンジン

自律分散型システムにはほかにも利点があります。

中央集権型システムでは、中央と末端のすべてのコンピューターが導入完了するまでシステムを動かせないことも多くあります。その点、自律分散型なら、コンピューターを導入した管轄内ではすぐに稼働OKとなりますので、システムを少しずつ拡張していけます。

ＡＴＯＳは中央本線の相模湖駅から１駅ずつ順番に導入していきましたが、それは自律分散型のシステムだからできたわけです。もし中央集権型だったらどうでしょう？　甲府駅から東京駅まですべての駅でシステムの導入が完了するまで手動切り替え方式が続いていたことになります。

しかも、駅の信号システムを手動から自動制御システムに切り替える作業は相当な時間がかかります。全駅のシステムを一斉に切り替えるとしたら、中央線全線を何日も止めなくてはならなかったでしょう。つまり、東京圏のＪＲ各駅の信号機システムを自動化するには、自律分散型のシステムでなくてはならないのです。

話を戻しましょう。

私の自律分散型グローバル経営という考え方にも、ＡＴＯＳと同じく、均質性、制御性、協調性の３つが備わっています。

経営の均質性は、企業理念、ブランド、人事などのコーポレート部門が該当します。日立の全社員と各事業は企業理念を共有し、ブランドを守ります。

経営の制御性とは何でしょうか。これは、グローバルに展開する日立の各地域代表や国内の各ＢＵに権限と責任を持たせ、いちいち本社の意思決定を待たずに独自の判断で自律して事業を遂行できる体制にしたことです。

そして、各地域の事業のトラブルが他地域のビジネスに影響を及ぼしたり、他地域のトラブ

■ 自律分散型グローバル経営の考え方

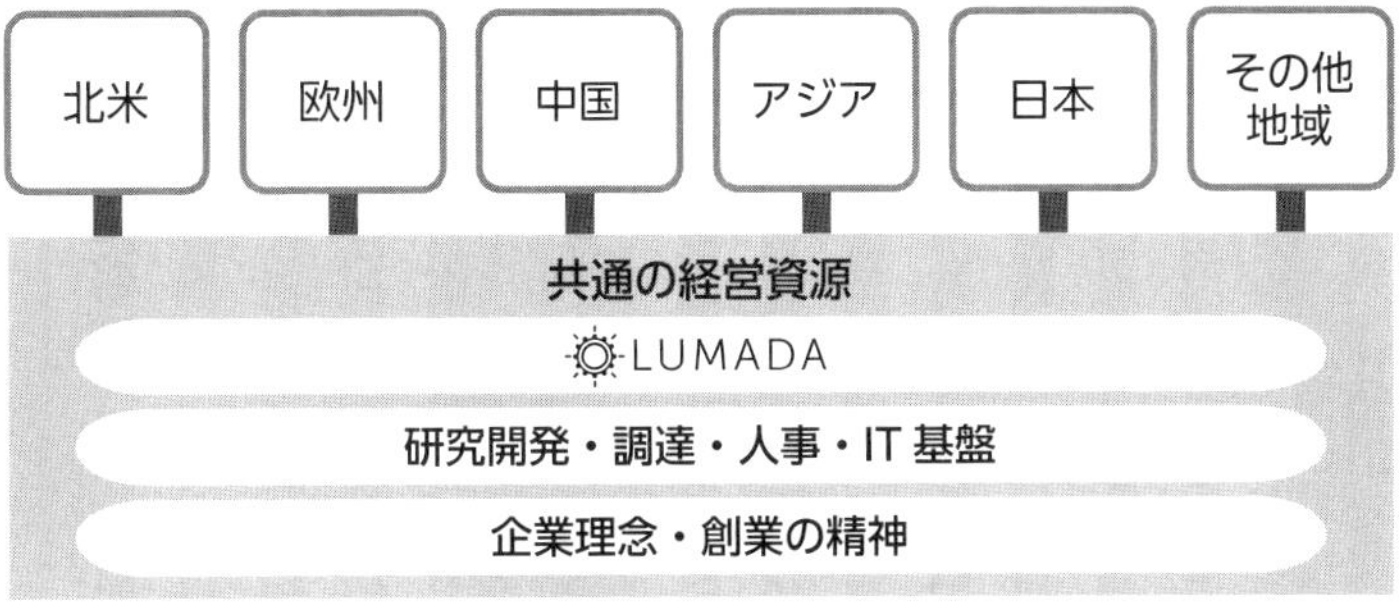

ルから影響を受けたりしないように、それぞれが自律して事業を遂行することとしているのが、経営の協調性です。各部門とBUが互いに自律しながらも、経営戦略や経営資源を共有し協力し合うことも協調性の理念です。

本書でお話ししてきたルマーダとBU制も、自律分散型グローバル経営の流れの中に位置づけられます。ルマーダという共通の経営資源を共有し、均質性を持たせつつ、共有する資源を介して協調性を持たせることで、もたれ合いのリスクを回避する。そんなふうに説明できると思います。

一方のBU制は、各地域や各事業に制御性と協調性を持たせるための施策と説明できます。地域代表とBU CEOに強い権限を与えることで、独自の判断でスピーディに事業を展開する制御性を持たせる。それに加えて、収益責任を負わせることで他部門とのもたれ合いを排し、他部門のトラブルに影響を受けない協調性を働かせる、という建付けです。

経営基盤の共通化とコスト削減

社員に均質性とか協調性だとかの話を詳しくすることはありません。ただ、私の軸にはいつもこの経営理念があります。

18中計で営業利益率8%を達成したときも、「制御性と協調性の観点からは、自律分散型グローバル経営はうまく機能すると示せたかな」そんなふうに思っていました。一方、均質性についてはまだ課題がありました。

実は、ルマーダを始めたらすぐに、グローバルで社内オペレーションの改革を進めたいと思っていました。しかし、なかなかうまくいきません。ようやく本格的に着手できたのは3年後の2019年以降です。

後押ししてくれたのは、ほかでもないABBから獲得した経営資源でした。

ABBは経営のIT化が進んでおり、高度なERP（統合基幹業務）システムを構築していました。ERPとは財務、営業、工場の生産、人事の給与など、さまざまな企業のデータを管理するITシステムのことをいいます。

ABBの経営は自律分散型の理念に非常に近く、世界各国にある支社や現地法人の財務や人事、調達システム、社内DXなどの機能をGBS（Global Business Service）に集約していました。一般的には、各法人や支社の人事部門や調達部門が給料の計算や支払い、受発注の手続きなどを個別に行うのが普通でしょう。その点、ABBではオペレーションをGBSがまとめて行うシステムが早くから確立されていたのです。

1兆円以上の資金を投入してABBのパワーグリッド事業を買収したのは、送配電網事業で世界一のシェアを獲得するためだけではなく、実はこうした経営資源にも魅力があったからでした。

買収によってABBから日立エナジーとなった同社の経営資源を活用して、財務や人事、調達システム、社内ITなどの管理業務を、GBSに集約する施策を進めています。

経理や給料計算など、どの部門にも共通する作業をまとめてやってしまおうという狙いです。いわば、全社に共通する管理部門の業務の社内アウトソーシングです。人件費の安い地域に集約すればコストを削減することもできます。

各国によって法律も違いますし、すべてを共通化できるわけではありませんが、各BUやグループ各社が共通して利用できるGBSを通して、管理部門のオペレーションをグローバルで均質化するのが狙いです。

予測型経営をめざして

現在ではそこからさらに進んで、グループ各社がばらばらに運用してきたＥＲＰシステムを全世界共通のシステム基盤上に統合しようとしています。

これによって、グループ各社共通の人事管理システムや調達システムの構築が容易になりますし、競争の激しい事業への人財や経営資産のシフトや事業再編などに迅速に対応できるようになります。

共通ＥＲＰ基盤を構築して経営データを一元管理し、他の共通ＩＴプラットフォームと連携することで、データに基づいて意思決定を行うデータドリブン経営と社内ＤＸの加速に貢献します。

さらに、顧客情報もグローバルで全社共通のＣＲＭ（顧客関係管理システム）への集約を進めています。

どこにどんな市場があって顧客がいるのか、グループ内にはその市場や顧客を対象としたどんな案件があるのか。マクロ市場情報やグループ各社の顧客コンタクト履歴、受注情報、商談パイプライン、競合情報などを共有・可視化することで営業活動を高度化・効率化し、強化するのが狙いです。

顧客情報は各BUやグループ各社がそれぞれのシステムで管理し、それぞれが顧客にアプローチしていましたが、非効率でした。さらに、買収したABBのパワーグリッド事業には1万5000以上もの顧客チャネルがあり、それがどさっと加わってきました。

顧客関連情報を一元化するにはまたとない機会だったと思います。

ERPやCRMの高度化によって、予測型経営の可能性が広がります。ERPに蓄積した世界のグループ各社の経営情報をもとに、AIで業績予測や要因分析を行えば、業績の悪化や改善の可能性を早期に把握できるのです。さらには、リスク情報や調達サプライチェーンの適応力、二酸化炭素排出量などの予測にも活用できるはずだと期待しています。

日立グループ・アイデンティティ

自律分散型グローバル経営の均質性、制御性、協調性はいずれも重要な要素ですが、均質性に関しては難しさを感じることもあります。

組織のルールやマニュアル、IT技術などではカバーできない社員のマインドです。どういうことかというと、日立の企業理念や創業の精神を共有する難しさです。

とくに、成長のための買収を通じて、グローバルロジックをはじめとして数万人規模で大量の新しい仲間が加わりましたから、全員に企業理念や創業の精神を共有してもらうのは簡単なことではありません。

そのため、企業理念や創業の精神を、日本人ではない社員にもわかりやすいように「日立グループ・アイデンティティ」として2013年に再定義し、日立グループ内で浸透・徹底を図っています。

たとえば、「優れた自主技術・製品の開発を通じて社会に貢献する」という企業理念は「ミッション＝日立グループが社会において果たすべき使命」と再定義しました。

創業の精神の「和・誠・開拓者精神」は「バリュー＝ミッションを実現するために、日立グループが大切にしていく価値」としました。この2つに「ビジョン＝これからの日立グループのあるべき姿」を加え、グループのアイデンティティとしました。

ミッションとバリューは不変ですが、ビジョンは時代とともに変わっていくものです。社会イノベーション事業で世界に貢献することをめざしている今のビジョンは、「日立は、社会が直面する課題にイノベーションで応えます。優れたチームワークとグローバル市場での豊富な経験によって、活気あふれる世界をめざします」です。

さらに、日立創業の地に「日立オリジンパーク」を建設し、2021年にオープンさせました。「小平記念館」「創業小屋」「大みかクラブ」「大みかゴルフクラブ」からなる施設です。小平記念館では、日立の企業理念や創業の精神、社会貢献の歴史などをわかりやすく紹介しています。日立の原点である創業小屋は、創業の精神を伝えるシンボルとして復元しました。

■ 日立グループ・アイデンティティ

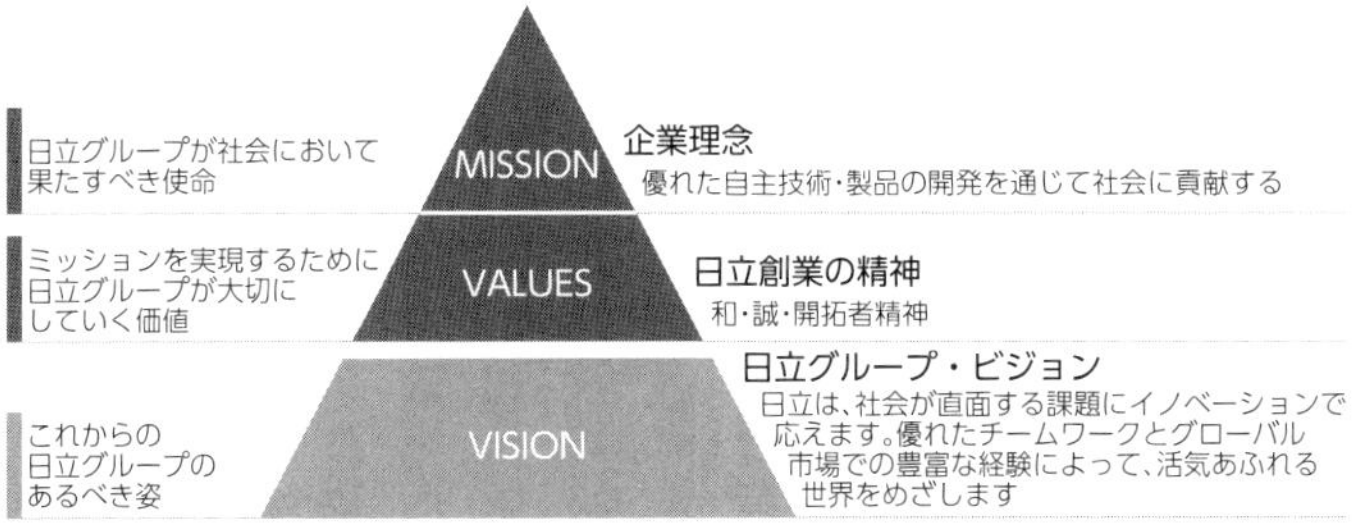
日立グループが社会において果たすべき使命
MISSION
企業理念
優れた自主技術・製品の開発を通じて社会に貢献する
ミッションを実現するために日立グループが大切にしていく価値
VALUES
日立創業の精神
和・誠・開拓者精神
これからの日立グループのあるべき姿
VISION
日立グループ・ビジョン
日立は、社会が直面する課題にイノベーションで応えます。優れたチームワークとグローバル市場での豊富な経験によって、活気あふれる世界をめざします

日立オリジンパーク開設の狙いは、地域の皆さまや世界中のビジネスパートナーの皆さまに日立を知ってもらうことはもちろんですが、社員に日立の歴史やスピリットを伝え、愛着を持ってもらうことです。全世界の日立グループにいる管理職を順次オリジンパークに招き、日立のDNAを受け継いでもらいたい。より多くの社員に日立を知ってもらうため、オリジンパークをバーチャルで見学できる機能も公開しました。

まだまだ道は半ば

ここまでお話ししてきたように、自律分散型グローバル経営のためにさまざまな施策に取り組んできましたが、理想とする自律分散型グローバル経営はまだ実現できてはいません。道半ば、発展途上といったところです。

そこで思い出していただきたいのが、自律分散型システムATOSの特徴です。ATOSは1駅ずつ拡張していくことができました。それこそが自律分散のミソです。

経営も同じです。自律分散型グローバル経営は、世界同時に一気に実現しなければならないものでも、どこか1つにトラブルが起こったら全体が機能不全に陥ってしまうものでもありません。1地域、1拠点、1部門ずつ順次拡張していくことができるのです。

自律分散型グローバル経営の理想像に近づけるべく、2022年からは北米を中心に事業体制を強化しています。日立グループ、とくに海外のデジタル化による成長を加速するため、北米に拠点を置く日立デジタルを中心として日立グループの横断的なグローバルデジタル戦略を策定・推進していく体制を構築しました。北米を起点としてグローバルにルマーダ事業を拡大し、DXによる成長を加速するのが狙いです。

また、脱炭素社会やサーキュラーエコノミーなどの実現に向け、日立グループとしてサステナビリティ（持続可能な社会）の実現に貢献しつつ成長していくため、チーフ・サステナビリティ・オフィサーを新設しました。サステナビリティに包括的に配慮しつつ、グローバルな環境戦略を策定・推進していくことで、環境を軸にした日立グループ全体での事業機会の探索や価値創出をリードし、GX（Green Transformation）によるサステナブルな成長の牽引役を果たします。

自律分散型グローバル経営の実現のため日立は一歩ずつ歩を進めています。

第9章　未来の日立のために

ガバナンス改革

日立が経営危機から脱却しV字回復を遂げ、さらには成長路線を歩んでくることができた理由の1つには、継続したガバナンス改革があったと思います。

ご存じの方は多いと思いますが、日本の上場企業は、ガバナンスの仕組みで①監査役会設置会社、②指名委員会等設置会社、③監査等委員会設置会社の3つに分類されます。

①の監査役会設置会社では、取締役会が意思決定や執行の権限を持ち、監査役会は取締役の職務執行に法令や定款違反や倫理違反、利益相反などがないかを監査します。かつて、日本の上場企業の大半はこの監査役会設置会社でした。

②の指名委員会等設置会社は、指名委員会、監査委員会、報酬委員会を設置している会社で

す。指名委員会は役員の選任・解任に権限を持ち、報酬委員会は取締役と執行役の報酬を決定します。各委員は3人以上の取締役で構成され、それぞれ社外取締役が過半数を占めることが義務付けられています。

指名委員会等設置会社には取締役と執行役が存在し、取締役会の役割は重要事項の決定と執行役の監督で、執行役は取締役会の委任を受けて業務を執行します。つまり、取締役会は監督で執行役がプレイヤーといったところです。取締役兼執行役はプレイングマネージャーです。

③の監査等委員会設置会社は2015年に施行された改正会社法で作られた制度で、監査役会設置会社と指名委員会等設置会社の中間的な制度です。

前置きが長くなってしまいましたが、近年の多くの上場企業と同様、日立も2003年時点には現在の②の指名委員会等設置会社へと移行していました。

指名委員会等設置会社では経営の監督と執行を分離し、社外取締役の選任を義務付けられている取締役会が執行役を監督することが〝建前〟となっています。ただ実際には、大半の取締役が執行役を兼務し、社外取締役はお飾りで、内部の取締役兼執行役が強い権限を持ち重要事項を決定するような上場企業も少なくありません。日立もかつてはそうでした。

忖度なし、根回しなし

しかし、そうしたガバナンスの実態が経営危機を招いたことへの反省もあり、川村さんの時代から社外取締役の割合を増やし、取締役会に権限を持たせるガバナンス改革に着手しました。「執行役社長やＣＥＯは絶対的な権限を持つ。暴走を防ぐにはしっかりした社外取締役が絶対に必要だ」

というのが、川村さんと中西さんの考えでした。

川村・中西体制の時代の２０１２年には、グローバル戦略のため多様な価値観を経営に反映し、さらに経営の監督と執行の分離を確固とするため、外国人社外取締役を初めて選任し、過半数を社外取締役とすることにしました。経営の監督と執行の分離は欧米では当たり前ですが、そのときまでの日立はそうではなかったということです。

私も社長に就任した２０１４年から取締役に就任し取締役会に参加し始めましたが、最初は大変でした。

社外取締役の方々は容赦がありません。経営にとってマイナスだと判断したら断固として反対します。事前に重要議題について説明し理解を得ておくといった日本式の根回しも通用しません。ですから、取締役会はいつも真剣勝負で、激論が交わされます。

しかし、だからこそ、取締役会は経営の最高決定機関としての役割を果たすことができます。大半の取締役が執行役を兼務し、社内取締役が多数を占めるような取締役会では、執行役の監督の役割も果たせません。

ＣＥＯに就任した２０１６年以降も取締役会の過半数を社外取締役にする体制は継続し、２０２２年度には取締役12人のうち９人が社外取締役となっています。日本人男性４人、外国人男性３人、外国人女性２人という構成です。内部取締役は３人で、執行役を兼務しているのは私と社長の小島さんだけです。指名委員会、報酬委員会、監査委員会のトップはすべて社外取締役が務めており、取締役の構成などは指名委員会が決定します。

奇妙な言い方になってしまいますが、これだけ会社から独立している取締役会は日本企業にはあまり類例がないと思います。

取締役のサポート

取締役には、私も執行役として何度も助けられました。

英国の原子力発電事業からの撤退は、社会インフラ事業の輸出を推進する国との関係もあって非常に難しい経営判断でした。第６章でもお話ししたように、取締役が「この事業を継続することは経済合理性に反する。撤退すべきだ」と声を上げ、取締役会で撤退の方向を決断しました。

グローバルロジック買収は当初多くの取締役に反対され、理解を得るのに苦労しました。「企業価値に比べて買収額が高すぎる」というのが理由です。

企業価値評価の指標の1つにEV／EBITDA倍率があります。EV（Enterprise Value）は企業価値、つまり買収額で、EBITDA（Earnings Before Interest, Taxes, Depreciation and Amortization）は税引前利益と特別損益、支払利息、減価償却費の和です。EV／EBITDA倍率の目安は6〜7倍で10倍が限度、それより大きければ割高だというのが常識でした。

ところが、グローバルロジックのEV／EBITDA倍率は34倍でした。なにごとか、という水準です。ただ、製造業では10倍が限度でも、デジタル関連の成長企業では30倍、40倍というのはめずらしくない数字でした。

多くの取締役が買収に難色を示す中で、

「ぜひ買収すべきだ。買収するリスクより、買収しなかった場合のリスクのほうがはるかに大きい」

そう強く後押ししてくれた取締役もいました。私もその言葉に勇気づけられ、

「そうだ、日立の未来のためには絶対に必要なんだ」

と思い直し、取締役会の前日まで、徳永俊昭執行役専務（現・副社長）と買収の重要性を各

取締役に1人ずつ説明して回りました。

最終的には取締役会の承認を得て、買収することができました。

日立の取締役会では、買収の是非も含め日立の将来の方向性を決める、本音がぶつかり合う生の議論ができています。

このあと人財育成のお話をしますが、取締役の中には「幹部候補生は私が育てる」「幹部候補生の教育プログラムに私の講演も入れてくれ」などと、情熱を持って積極的に教育に参加してくれる方もいます。日立ならではの非常によい形の取締役会になったと喜んでいます。

グローバル人財マネジメント

今さら声を大にして言うまでもなく、企業の宝は人財であり、人財は企業の生命線です。それは規模の大小に関わりないことだと思います。

日立グループは2000年代からグローバル化を加速させ、2000年3月時点では20%だった海外拠点で働く社員の比率が、2009年には35%、私がCEOに就任した2016年には44%となっていました。日立グループと一言で言っていますが、その構造は複雑で、日立製作所には本社と多くの海外拠点があり、国内外に多数の子会社があり、さらにその子会社にも子会社があるといった具合で、2023年時点で700を超えるグループ会社を抱えています。

海外社員の増加に伴い、グローバル共通の人財マネジメント（人事制度）を構築するとともに、海外社員にも日立の理念や創業の精神を共有させることは、大きな課題となりました。

そのため、中西さんの時代に作った「グローバル人財データベース」を皮切りに、「グローバル人財マネジメント基盤」と呼ばれる人財マネジメント制度と教育システムを構築し、進化させてきました。人財のデータベース、職位の格付け、人財育成制度といった人事制度のインフラを世界共通にするのが狙いです。

グローバル人財データベースでは、社員の情報をデータベース化し、どこにどのような人財がどのくらいいるのかをわかるようにしました。同時に、「グローバル・リーダーシップ・ディベロップメント」と呼ぶ仕組みも作り、グローバルから約500人を選抜・育成するなど、人財育成する制度を強化しました。

2013年度には、全世界の約5万のマネージャー（管理職）を格付けする「日立グローバル・グレード」制度を導入しました。2014年度には「グローバル・パフォーマンス・マネジメント」制度を導入し、管理職を対象にジョブ型の人財マネジメントに移行させました。

2015年度からは、「Hitachi University」と呼んでいる教育プラットフォームを構築し、世界中の社員が受講しています。オンライン講座や語学、ITスキルなど、グループ会社の日立アカデミーや外部研修機関が提供する講座を受けることができます。

また、グローバル人財データベースを進化させた「Workday」と呼ばれる人財マネジメント統合プラットフォームを導入して、世界中の社員の経歴や資格などをデータベース化し人財を見える化しました。そして現在、グローバルでの「適所適材」の人事・育成に向けて、国内でも原則全社員のポジションの役割や必要スキルを明確化した「ジョブディスクリプション（職務定義書）」を作成し、グループ全体でのジョブ型の人財マネジメントを推進しています。

全世界共通の人事制度や人財育成制度はグローバル企業として必須のマネジメントインフラで、社員のスキルアップやモチベーションアップ、さらには、グローバル規模での適所適材の配置に大きく貢献していると思います。

会社の成長には、社員の成長が欠かせません。社員それぞれが自分の将来のキャリアを考えながら、めざしたいポジションに向けて手を挙げ、そこに就くために必要な教育を受講できる環境がなければ、昔からの年功序列のままです。それでは優秀な若手や経験者、海外の人財は入社したいと思ってくれません。リスキリング・リカレント教育などの教育プログラムを今後さらに充実させ、人財の育成と企業としての競争力の向上に努めていきます。

「寄らば大樹の陰」を突破する

企業の人事制度や人財育成には、全体のスキルアップや適所適材の配置も重要ですが、将来の日立を文字通り背負って立つような幹部候補生の育成も大切です。そうした人財を育成するために、私の発案で「Ｆｕｔｕｒｅ50」と呼んでいる早期人財育成プログラムを作り、２０１７年度から開始しました。

前述の通り、日立には人財委員会が毎年、顕著な業績を上げている社員約５００人を選抜し、難しい職位やミッションを与えて計画的に育成する仕組みを構築していました。

それに加え、少数精鋭にして研修を課して育成するのがＦｕｔｕｒｅ50です。毎年30代から40代の若手社員50人を選抜します。もちろん日本人だけではありません。それぞれの職場での業務を超えたテーマについて研究し、戦略を社長と副社長の前で発表してもらいます。その後、社長との1対1のミーティングや、取締役会指名委員会の役員による講演、外部の経営者育成塾などの3年ほどのプログラムのほか、所属する部署・ポジションで厳しい課題を与えてトレーニングしています。

プログラム終了後、「これは」と思う人財には、グループ会社の社長や事業部長クラスなど、国内外でタフなポジションを与えさらに鍛えます。

幹部候補生50人の選抜には時間をかけています。２０１７年からランチミーティングを開始しました。人財委員会が選抜した候補者１００人とのランチです。毎日5人ずつとのランチを20日間あまり続けて絞り込む。メニューは毎日同じサンドイッチです。20日間ずっとサンドイッチを食べ続けるのはいやはや結構、大変なものです。

私は55歳のときに日立プラントテクノロジーというグループ会社の社長となりました。それまでは、自分が専門とする分野で与えられたミッションを遂行すればよいだけでしたが、社長となるとそうはいきません。事業だけでなく、財務、人事、人財育成など会社のすべてに目を配り、社員を率いていかなくてはなりません。いざというときは本社が助けてはくれますから、本社の経営者とは責任の重さの次元は異なりますが、赤字を垂れ流すわけにはいきません。毎年が真剣勝負で、一国一城の主となったのは貴重な経験でした。

しかし、55歳では遅すぎます。海外では40代や50代の前半でグローバルに戦っている経営者がごまんといます。日立の社員にはその経験が足りなすぎました。

とくに日本人には「寄らば大樹の陰」的な思考が強く、グローバルな厳しいビジネス環境の中で戦い抜くのだという気概に欠けています。将来の経営幹部を育てるには、30代から40代の優秀な社員にグループ会社のトップを経験させることが必要だと感じていました。外国人の外部取締役からも、その点は強く進言されてもいました。

優秀な人財を選抜して3年間トレーニングし、これはという人財には責任を持たせ、さらに追い込んで鍛える。これがＦｕｔｕｒｅ50の狙いです。

1期生である谷口潤さんは、家電事業などを展開する日立グローバルライフソリューションズの社長に抜擢しました。彼は制御システムのエンジニアでしたが、経営の視点を培ってもらい、かつデジタル技術を活用してさらに家電事業を成長させるため、あえて家電の製造・販売という畑違いの会社のトップに任命しました。今は執行役常務として、米シリコンバレーを拠点にグループのデジタル戦略を担う日立デジタルのCEOも任せています。同じく1期生の女性社員の1人は、欧州の鉄道グループ会社の経営企画部門に部長級で出向させています。彼女はIT部門の営業職からの転身です。

これまで、グループ会社のトップに就任した〝卒業生〟は4人を数えます。

ベンチャーへの投資

日立の未来を見据え、将来性豊かで成長が有望なベンチャーへの積極的な投資も実行しています。ドイツにコーポレートベンチャーキャピタル（CVC）会社を設立し、2つのCVCファンドを通じて投資を行い、スタートアップ企業のイノベーション創出を支援しています。ファンドの規模はどちらも1・5億ドルです。

2019年12月に設立した第1号ファンドは、日立グループの事業領域と重なる分野で、デジタルテクノロジーや新たなビジネスモデルでイノベーションが期待されるスタートアップ企業10社以上に投資しました。また、2021年10月設立のCVCファンドは脱炭素や精密医療などの環境・ヘルスケア分野を中心に、日立の成長戦略に合致する分野で先進技術やビジネスモデルに挑戦しているスタートアップ企業5社以上への投資を行っています。

今後も有望なスタートアップには積極投資する考えで、2024中期経営計画期間中に、追加で500億円の投資枠を計画しています。

　ベンチャーへの投資の目的は、スタートアップ企業のイノベーションと日立の技術や知見を融合させて社会課題の解決策を構築し、それをビジネスに育てていくことです。スタートアップ企業との協創を通じて、ルマーダの成長を加速させるのも狙いです。

　それに加えて重視しているのは、最先端の技術についての情報を得ることです。今、世界にはどのようなスタートアップ企業があって、どんな技術でどのようなイノベーションを起こそうとしているのか。出資を通し、それを知る意味が非常に大きいと考えています。

　医療系にはこんなスタートアップがありこんな技術を持っている、脱炭素ではこんな技術でイノベーションを起こそうとしているベンチャーがある。そのような情報を日立の各BUが理解し、社会の将来を見据えたビジネスのシーズとすることが重要だと考えています。そのための投資です。必要とあれば、将来的には日立グループに入ってもらうことも視野に入れています。

「やらされ感」ではだめだ

　最後に、未来投資本部のことをお話ししておきます。文字通り、日立の未来のために2017年に本社のグループ・コーポレート部門に社長直属の部署として設置した、先端事業に先行投資する事業本部です。

ロボットやＡＩ、コネクティッドモビリティなど、次世代テクノロジーの潮流や世の中の変化の動向をとらえ、中長期的な強化分野の検討やプロジェクトの統括をするのがミッションです。

未来投資本部の設置に先行し、２０１５年から「Make a Difference!」というアイデアコンテストを始めました。社員からアイデアを募集し、ビジネスになりそうなアイデアを提案した本人に事業化させるプロジェクトです。

社長に就任して現場を回ってみた際、社員に「やらされ感」が漂っているのを感じました。これはいけない。

人間、参加しないとモチベートしません。逆に、自分が参加して主体的にしたことは、すべて肯定的にとらえる、というのが人間のＤＮＡです。

日立にも「こんな仕事をしたい」「こんなビジネスをやってみたい」と社員が主体的にビジネスのことに頭をひねり、モチベーションを高揚させる仕組みが必要だと痛感しました。

工場には、社員数名がチームを組んで現場の業務の改善を行う「小集団活動」と呼ばれる文化があります。私も、大みか工場で設計部長をしていたころ、工場の小集団活動リーダーを務めました。そのとき、小集団活動の一環として、工場内で「ＩＴオリンピック」というアイデアコンテストを実施したことがありました。

ちょうどシドニーオリンピックの年で、優勝賞品はペアでのシドニー旅行でした。大みか工場はＯＴに強い半面、ＩＴが弱かったためそこを強化したいという狙いでした。優勝したのはハッカーの攻撃を制御するルーターで、ネットワークに侵入されても情報を外に出せない機能を持ったルーターでした。のちに商品化されています。

Make a Difference! はその全社版といったところです。しかも優秀者には旅行ではなく、事業化という〝賞品〟付きです。そこで実用化された例に、「感染症予報サービス」があります。

このサービスの着想は、３人の子の父親である研究者の「子どもをインフルエンザから守りたい」という思いでした。彼は「流行予測ＡＩ」を開発し、インフルエンザなどの感染症の患者数をまとめたオープンデータや、過去の流行地域や時期など多様な情報を学習させることで、天気予報のように4週間先までのインフルエンザ流行を予測することを可能にしています。

２０１７年度の銀賞（Silver Ticket）案件でしたが、２０１９年末からさいたま市との実証を行い、２０２０年にサービス提供を開始しました。サービス提供開始までの間に新型コロナウイルスの感染拡大が始まってしまいましたが、実証では約80％の方から「予報を見て、より積極的に予防行動を取った」、約70％の方から「予報サービスを今後も継続してほしい」という回答をいただき、このようなサービスが世の中から必要とされると確認することができました。

表彰するだけではもったいない

一方で、いくら優秀なアイデアでも、発案者の職場では取り組めないこともあります。そういったアイデアを表彰だけして見過ごすのはもったいない。そこで、2017年に未来投資本部を新設しました。今の職場ではできない、仕事と両立が難しいという場合は、未来投資本部に異動させました。

未来投資本部で実用化した事例として、水道管やガス管などの地中埋設インフラを効率的に管理する「社会インフラ保守プラットフォーム」があります。水道管の漏水を検知する振動センサーを開発し、漏水エリアを検知するシステムです。水漏れが起きると、近くを通っているガス管の腐食につながりガス漏れが起きることもありますが、それも未然に防ぐことができます。

最初に熊本市に納入したところ、精度の高さが評価され全国十数カ所の自治体から納入希望が出ています。もちろんこれもルマーダ事業の一環でもあります。

未来投資本部で育ててさらに発展させたものとして、すでに会社を設立して事業化している事例もあります。日立の中央研究所内の「協創の森」に拠点を置くハピネスプラネットです。2020年7月に設立しました。

ＣＥＯは未来投資本部ハピネスプロジェクトリーダーを務めた矢野和男さんで、彼は15年以上、無意識の体の動きなどのデータ分析を通じた人間の幸福感についての研究を行い、スマートフォンやウェアラブルデバイスで計測した無意識の体の動きと幸福度の関係性や、社員同士の関係が幸福度に与える影響などを解明してきました。

未来投資本部のプロジェクトで実用化を推進してきましたが、これは日立の既存の事業部ではなく、スピンアウトした方が事業化を加速できると判断し、起業してもらうことにしました。同社は組織の活性度や幸福度を向上させるアプリケーションやサービスを開発・提供し、働き方改革など、人々のウェルビーイング向上に向けた企業のマネジメント支援の事業を展開しています。

ゆでガエルになるな

未来投資本部は２０２１年度で役割を終え、検討を進めてきた事業は、適切な事業部や研究開発グループなどに移管させました。そして２０２２年度からは、「イノベーション成長戦略本部」を立ち上げ、２０５０年の社会を見据えたプロジェクトを開始させました。

人工光合成や細胞医療、量子コンピュータなどのプロジェクトをはじめ、スタートアップへの投資や協業も強化させ、グループ全体でのイノベーション創出をさらに加速させています。

未来投資本部には、事業のシーズを育てる狙いがあったのはもちろんですが、組織の活性化という狙いもありました。社員が新規ビジネスを考え、有望なアイデアならそれを会社が事業化する。そういうことをやらないと、組織は活性化しません。人間は安定を求めますから、ほうっておくとルーチンワークに安住したがります。しかし、流れない水が腐るのと同じで、人間も同じことばかりしていると腐ってしまいます。

社会の潮流や世の中の変化を敏感に察知し、新規ビジネスの可能性を探る。そのような社員が増えていけば、未来の日立は安泰です。

反対に、一番いけないのは「ゆでガエル」です。大企業という居心地のよいお風呂に慣れきってしまい、お湯が熱くなりすぎているのに気づかず、ゆでられて死んでしまうカエルのような人間です。

私がCEOを務めた6年間で、日立には短期的な変化には敏感に反応し、強靭に対応できる力はついたと思います。コロナ禍やウクライナ紛争など、日立グループを含めて大変厳しい状況に見舞われた中でも、業績は7873億円の赤字を出した2008年度に比べればずっと小さい影響で済みました。

しかし、10年、20年のスパンの変化を鋭敏に感じ取るセンサーを身につけたとまでは言えません。まだまだ不十分です。

将来の投資のために「稼げる会社」であり続けるとともに、社会貢献、そして人々のウェルビーイングのために成長し続けること。これが日立の不変のポラリスです。

さらなる成長へ

これまでお話ししてきた通り、私は日立を「稼げる会社にする」「社会イノベーション事業のグローバルカンパニーにする」というポラリスをめざして、改革に取り組んできました。CEOに就任してからの6年で、日立の基盤作りはほぼ完成しました。海外売上比率や社員比率は60％ほどになり、今やまぎれもないグローバルカンパニーになったと自負しています。が、グローバルリーダーに向けては、まだ取り組む余地が残されています。

これからはルマーダを軸に、成長の果実を刈り取っていくフェーズに入りますが、中西さんから受け継いだバトンを次代につないでいくときが来ました。

私は2021年6月に取締役会長兼CEOとなり、翌2022年4月にはCEOを退任し、取締役会長に専念しています。後任を託したのは小島啓二さんです。

小島CEOの下、2024中期経営計画で、日立はデジタル、グリーン、イノベーションを通じて、社会イノベーション事業のさらなる成長をめざしています。

グローバルロジックや日立エナジーなど、新たに日立グループに加わったグローバルな仲間とのシナジーを発揮し、オペレーショナルエクセレンスの追求に加え、新たなイノベーションを起こし続けてくれるはずです。

創業100年を超える企業であっても、社会に必要とされなければ生き残ってはいけません。ますます複雑化する社会課題に貢献する企業であり続ける。そのためには、変化を恐れず、変わり続けていく勇気が必須です。

日立と言えば「この木なんの木」です。その幹が変わることはありませんが、枝や咲かせる花、果実は変わり続けることでしょう。

おわりに

Mission Complete!――今、そんな心境です。

私の社会人としての原点は、入社後30年近く在籍した大みか工場での経験です。

「たったひとりしかない自分を、たった一度しかない一生を、ほんとうに生かさなかったら、人間、うまれてきたかいがないじゃないか」

本文でもご紹介した山本有三の小説『路傍の石』の一節です。

工場に配属されたとき、工場長は伊沢省二さんでした。『路傍の石』の一節を引用した、「みなさん方は一生働く。仕事の中で自分の成長を考えよ」との工場長訓示を胸に刻み、仕事を通して自己成長を実践してきました。

同じく大切にしてきたのが、大みか工場のＧＯ綱領にある「相手の立場にたって考え行動しよう」という一節です。

共感力を持ち、利他の心で仕事をすることで、私は学び、成長することができたのだと思います。その姿勢と現場での経験が、日立の社長、会長という地位へ押し上げてくれました。

仕事の中で、自己成長をめざして働いた45年間でした。さまざまな「壁」と真正面から向き合い続けた45年間ともいえるでしょう。言い訳文化や他人任せを嫌い、つねに目の前の課題を「自分ごと」としてとらえ、走り抜きました。立場が上になるほど、人との出会いや経験の幅も増え、さらなる高みに押し上げてくれた気がします。

これからは、ミレニアル世代、Z世代の人たちが会社の中核となり新たな企業文化を培っていってくれると思います。環境問題やフードロスなどの社会課題の解決が企業価値を高める時代になっていきます。そのような時代に求められる人間像は、一企業の利益を追求する人財ではありません。求められるのは、社会課題を自分ごととしてとらえる主体性を発揮し、文化、宗教やジェンダーなどの多様性を理解して共感力を持ち、人々を巻き込んで目標を達成できる人財ではないでしょうか。

そうした人財を育てるためには、人々が共感し合える社会の実現が重要です。Ｏｎｅ Ｈｉｔａｃｈｉで、そんな社会創りに貢献してほしいと思います。今後、社会イノベーション事業で世界に冠たる日立へとさらなる進化を遂げることを期待しています。

これまで、私の人生で出会い、関わっていただいたすべての皆さまに感謝を申し上げ、ペンをおきます。ありがとうございました。

２０２３年2月　東原敏昭

【著者紹介】
東原敏昭（ひがしはら　としあき）
株式会社日立製作所 取締役会長
1955年徳島県生まれ。1977年徳島大学工学部卒業後、日立製作所入社。1990年にボストン大学大学院コンピュータサイエンス学科を修了。電力・電機グループ大みか電機本部交通システム設計部長、システムソリューショングループ情報制御システム事業部電力システム本部長、情報・通信グループ情報制御システム事業部長、日立パワーヨーロッパ社長、日立プラントテクノロジー社長、インフラシステムグループ長兼インフラシステム社社長などを歴任し、2014年に日立製作所執行役社長兼COOに就任。2016年執行役社長兼CEO、2021年執行役会長兼CEOを経て、2022年から現職。

日本音楽著作権協会（出）許諾第2301186-304号

日立の壁
現場力で「大企業病」に立ち向かい、世界に打って出た改革の記録

2023年4月6日　第1刷発行
2023年5月30日　第4刷発行

著　者——東原敏昭
発行者——田北浩章
発行所——東洋経済新報社
〒103-8345　東京都中央区日本橋本石町1-2-1
電話＝東洋経済コールセンター　03(6386)1040
https://toyokeizai.net/

本文デザイン・DTP……キャップス
装　丁……………………秦　浩司
印　刷……………………図書印刷
編集協力…………………岩本宣明
編集担当…………………髙橋由里
　Printed in Japan　ISBN 978-4-492-50340-9